Wolfgang K. Eckelt

High Performance

Wolfgang K. Eckelt

High
Performance

Die geheimen Karriere-Strategien
für den Weg an die Spitze

Frankfurter Allgemeine **Buch**

Bibliografische Information der Deutschen Nationalbibliothek
Die Deutsche Nationalbibliothek verzeichnet diese Publikation
in der Deutschen Nationalbibliografie; detaillierte bibliografische
Daten sind im Internet über http://dnb.dnb.de abrufbar.

Wolfgang K. Eckelt
High Performance
Die geheimen Karriere-Strategien für den Weg an die Spitze

Frankfurter Societäts-Medien GmbH
Frankenallee 71–81
60327 Frankfurt am Main
Geschäftsführung: Oliver Rohloff

Erste Auflage
Frankfurt am Main 2017

ISBN 978-3-95601-206-8

Frankfurter Allgemeine Buch

Copyright	Frankfurter Societäts-Medien GmbH
	Frankenallee 71–81
	60327 Frankfurt am Main
Umschlag	Initial Kommunikationsdesign, Ludwigsburg, www.initial-design.de
	Julia Desch, Frankfurt am Main
Satz	Anja Tschulena, F.A.Z. Creative Solutions
Titelbild	Eckelt Consultants GmbH
Druck	CPI books GmbH, Leck

Printed in Germany

Inhalt

Vorwort

Fusseln — ich hatte sie überall: an den Händen, an der Kleidung, im Gesicht. Ich atmete Fusseln und ich hasste ihren Geruch, damals, als ich im stickigen Keller eines Dortmunder Herrenausstatters unter kalt flackerndem Neonlicht mutterseelenallein Pullover faltete. Erst die schwarzen, dann die grauen, dann die blauen und die grünen, dann wieder die schwarzen. Hunderte. Tausende, gefühlte Milliarden Pullover. Jeden Tag bis 17 Uhr. Dann katapultierte mich der Aufzug hoch auf die Verkaufsfläche, wo ich im hellen Glanz des Warenhauses jäh an einem gläsernen Tisch platziert wurde, um dort die Pullover zu falten, die tagsüber zerwühlt worden waren. Sisyphos hätte statt seines Steins auch einen Stapel Pullover bearbeiten können.

Wie Sisyphos fing ich jeden Tag von vorne an und kam keinen Meter weiter. Ich war 19 und eindeutig am ersten Tiefpunkt meiner Karriere angelangt. Dabei hatte es doch wie eine brillante Idee ausgesehen, mit meinem völlig frei von jeglicher Spezialbegabung angelegten Talentprofil einen ganz anderen Weg einzuschlagen als all die Schulkameraden, die jetzt in den Unis Paragrafen, Physiopathologie und Pädagogik paukten. Hätte das nicht der *fast track* in die schillernde Businesswelt der »high performing« Anzugträger sein können, in der ich unbedingt mitspielen wollte?

»*Eckelt!*«, riss mich mein Chef brüllend aus meinem Selbstmitleid am Pullovertisch. »*Eckelt! Watt is los? Umsatz machen! Sons wird dat nix mit Ihnen und se fliejen hier im hohen Bogen raus! Eckelt, am Samstach gense in die Anzüge!*«

Super: Erst machen sie einen zur Kellerassel und dann zerquetschen sie einen mit Umsatzdruck. Als Jungspund »auf der Fläche« hatte man ohnehin keine Chance, weil die alten Hasen unter den Anzugverkäufern mit ihrem untrüglichen Gespür für herannahende Brieftaschenträger alle Kunden wegschnappten, bevor man überhaupt Luft für den ersten, den entscheidenden Ranschmeißer-Satz geholt hatte. Aber rausfliegen? Ich? Auf meinem Textileinzelhandel-Karrieresonderweg auch noch scheitern? Niemals. Nicht mit mir.

In den schlaflosen Nächten bis »Samstach« wurde ich zum Regisseur in eigener Sache. Ich ging im Geiste jede Sekunde durch, die ich auf der »Fläche« würde durchstehen müssen und wusste mittwochs um drei Uhr früh endlich genau, was in mein *survival kit* gehörte: Ein perfekt sitzender Anzug. Eine Armbanduhr, die am Handgelenk eines Mannes auf fünf bis sieben Hierarchiestufen über mir gut ausgesehen hätte. Schuhe, mit denen ich die britische Königin hätte besuchen können. Die Lektüre von mindestens sieben aktuellen Ausgaben des örtlichen Boulevardblatts inklusive Sportteil. Und die detaillierte Kenntnis aller Hersteller von Herrenanzügen und aller Herrengrößen − von klein und untersetzt über mittelgroß mit zu kurzen Armen bis Basketballspielerformat mit Beinüberlänge.

In dieser Woche lieh ich mir 5.000 D-Mark von meinen Eltern und besorgte mir meine erste Kampfausrüstung: Anzug, Hemd, Krawatte, Schuhe, Uhr. Im Rückblick klingt das abgedreht übertrieben, tatsächlich aber war es in diesem Augenblick für mich die richtige Entscheidung und das erste, das vielleicht wichtigste Stipendium meines Lebens.

Am Samstag, meinem ersten Kampftag, stand ich morgens um sieben im Frühnebel in der Dortmunder Innenstadt vor dem Personaleingang des ersten Herrenausstatters am Platze und war bereit, alles zu geben. Ich war der Erste auf der Fläche und hatte zwei Stunden Zeit, um mir das komplette Sortiment einzuprägen. Der Uhrzeiger drehte sich langsam Richtung neun Uhr, mein Adrenalinspiegel stieg immer schneller bis knapp unter Herzinfarkt und dann stand er da, mein erster Kunde. Er war eine Frau.

Daran hatte ich nicht gedacht! Natürlich ist es die Ehefrau, die den Mann zum Shoppen zwingt. Der Mann hat keine Lust dazu, natürlich nicht! Jetzt half nur Improvisationstheater: In der Schule hatte ich in der Aula lediglich den Atomtod dargestellt − das war damals *das* Thema − jetzt mimte ich den perfekten Schwiegersohn, fachsimpelte über italienische Stoffe und perfekte Hosenlängen, überraschte mit der Auswahl sofort sitzender Hemden und war derartig charmant unterwegs, dass ich *en passant* noch drei Krawatten verkaufte. An diesem Tag gab ich alles, ich machte einen Mords-Umsatz, am Abend war ich verschwitzt und mir war speiübel, ich fuhr zurück in meine Kleinstadt im Münsterland, schleppte mich nach Hause zu den Eltern und wusste: Schluss mit Fusseln. Es gibt einen Weg aus dem Keller. Und um den zu schaffen, brauche ich eine besondere Fähigkeit:

Den Scannerblick für Silberrücken. Anzuggröße und Kragenweite, Uhrenmarke und Krawattenfarbe, Fußball und Bier, Talkshow und Theater, Auto und Wetterwarnung − ein erfolgreiches Verkaufsgespräch in der Anzugabteilung eines Herrenausstatters geht nur mit *allen* Infos. Und um die zu sammeln, analog natürlich, gibt's eine halbe Sekunde Zeit. Eine halbe Sekunde.

Wenn mir jemand gesagt hätte, dass ich meine erste Lektion Menschen-kenntnis in der obersten Etage eines Warenhauses zwischen Hosenbeinen und Manschettenknöpfen lernen würde, hätte ich ihm den Vogel gezeigt. Aber so war es. Irgendwann hatte ich den Dreh raus, kannte den Chef der Dortmunder Brauerei, Hans Rosenthal und Wim Toelke, ich stieg ein paar Hierarchieebenen auf und stand dann am oberen Ende der Herrenober-bekleidungskarriereleiter. Diese Ebene war für meinen Geschmack immer noch viel zu dicht an der Fusselgrenze und weit entfernt von dem, was ich mir damals unter High Performance vorstellte. Ich brauchte einen Neu-start mit mehr PS. Die wollte ich mir an der Universität holen — und zwar viel davon und schnell.

»Irgendeine« Uni kam deshalb nicht infrage, es musste eine private Busi-ness School sein. Und dann noch ein MBA in den USA — das wäre, so meine Vorstellung, das richtige Futter für den »High Performer«, der ich in Zukunft sein wollte.

An beiden Unis gehörte ich zwar zu denen mit relativ viel Watt in der Birne, war aber eindeutig derjenige mit dem wenigsten Geld in der Tasche. Wenn ich meinen Fiat Panda zwischen all den Cabrios und E-Klassen abstellte, meldete sich das alte Fusselgefühl aus dem Keller zurück. In der Abteilung für Herrenoberbekleidung aber hatte ich etwas gelernt: Schaumschläger ignorieren und Silberrücken für mich gewinnen. Und das half mir dabei, die Profs auf meine Seite zu bringen und die Arroganz der Studenten an mir abgleiten zu lassen, die am Wochenende auf die Hamptons gefahren wurden, während ich fieberhaft nach Wegen suchte, nicht kellnern gehen zu müssen.

Ich kam durch. Doch als ich meine hart erarbeiteten Abschlüsse endlich in der Tasche hatte, stand ich vor dem Nichts: Die Wirtschaft lag 1995 am Boden, ich hatte keinen Mentor, ich hatte kein Netzwerk, ich hatte keinen Coach und ich hatte keine andere Wahl, als meinen Wunsch nach einem glorreichen Ein-stieg in die Wirtschaft zu vergessen. Was mir blieb, waren Waschmaschinen.

Ich nahm einen Recruiting und Management Development-Job bei einem Hersteller von »Weißer Ware« an. Ganz gut, eigentlich, aber in Relation zu meinen Karriereplänen absolut uncool, unsexy, fahl. Auf dem Boden der Realität in einem derartigen Unternehmen lag zu dieser Zeit überhaupt kein Glamour. Im Gegenteil. Hier lernte ich die ganze Bandbreite der Macchiavelli-Karriere: Beziehungen knüpfen, Konkurrenten ausschalten, nach oben den Bückling mimen und nach unten den *drill instructor* spielen. Eine lehrreiche Zeit, aber auch nicht das, was ich mir unter »High Peformance« vorstellte.

Ganz ehrlich? Auch wenn jetzt ein hochrangiger *jobtitle* auf meiner Visiten-karte prangte — meinen Job auf der Anzugfläche hatte ich angenehmer in Erinnerung. »Wie kriege ich diese Welten nun zusammen? Der direkte Kontakt zu den Silberrücken dieser Welt — und die eigene Karriere?« Das war die Frage, die mir den Schlaf raubte. Bis mir in einem Wirtschafts-magazin ein Artikel über den größten Headhunter aller Zeiten ins Auge fiel — besser gesagt: Mir die Augen öffnete. Executive Consulting, hierzu-lande weniger glamourös Personalberatung genannt, das sah nach meinem Weg zu »High Peformance« aus.

Mit Silberrücken kannte ich mich aus. Von Recruiting und Management wusste ich mittlerweile einiges. Wie »High Performance« mit gelernter Eloquenz und geschickter Auswahl hochpreisiger Kleidermarken zusam-menhängt, davon konnte ich auch ein Lied singen. Der Glamour der imageverliebten 1980er Jahre lag noch in der Luft, die erste Start-up-Welle nahm Ende der 1990er Fahrt auf — das war genau der richtige Moment für den Schritt in die Selbständigkeit.

Als Headhunter.

Das klang nach harter Arbeit, nach Abenteuer und nach einer Laufbahn, der mich nie wieder mit Fusseln und Kellerluft in Verbindung bringen würde.

Ich wollte »High Performance« und hatte als Rüstzeug Bildung, Erfah-rung und den unbändigen Willen, den Spitzenmanagern der Wirtschaft auf einer Augenhöhe zu begegnen. Was ich zu diesem Zeitpunkt noch nicht wusste: Damit hatte ich nicht viel mehr zu bieten als heiße Luft in Tüten. Ich konnte zwar dafür sorgen, dass auf der Tüte »Prada« stand. Aber von den geheimen Strategien an den Weg zur Spitze wusste ich nichts.

- **Die Strategie:** Weder hatte ich ein klares Bild von meiner Positionierung noch konnte ich sehen, wo ich in zehn oder 15 Jahren stehen würde. So startete ich als »Eckelt und Partner« — einem Personalberatungsbüro mit Anzeigengeschäft. Damals *State-of-the-Art,* für meinen Geschmack aber zu uninteressant, zu bürokratisch. Vom Anzeigengeschäft befreite ich mich so schnell wie möglich und gründete schließlich »Eckelt Con-sultants«.
- **Die Booster:** Mentoren, Coaches, Netzwerke. Hatte ich nicht, lernte aber, dass Kontakte von Kristallisationspunkten aus wachsen — wenn man diese eines Tages endlich findet.

- **An der Spitze:** Was tun, wenn die eigene Position auf einem Level angekommen ist, das man sich immer gewünscht hat? Wie um Himmels willen schafft man es, dort oben zu bleiben? Was ich anfangs nicht wusste, das ist, dass es auf diese Frage keine Antwort gibt. Aber individuelle Ansatzpunkte.
- **Neue Parkettsicherheit:** Anzüge verkaufen ist eine Sache. Aber heute den Vorstand eines Automobilherstellers überzeugen und morgen den Schraubenzulieferer auf der Schwäbischen Alb — da braucht man unterschiedliche Sprachen, unterschiedliche Themen, unterschiedliche Schuhe und neuerdings auch... Pullover.
- **Die Sinnfrage:** Oben mitspielen — das war meine erste, zugegebenermaßen ausgesprochen vage Geschäftsidee. Dass die Sache langfristig für mich Sinn ergibt, das zeigte sich im Laufe der Zeit. Je größer mein Netzwerk wurde, desto erfolgreicher konnte und kann ich neue Perspektiven öffnen. Knoten aufdröseln. Karrieren in Bewegung bringen. Krisen lösen. Manchmal sogar Katastrophen verhindern helfen. Für Einzelpersonen, auch für Unternehmen.

Nach einer Ausbildung, zwei Studienabschlüssen und einer Promotion, nach Hunderten erfolgreich vermittelter Kandidaten und fast 20 Jahren »Eckelt Consultants« stehe ich jetzt auf dem Level, das ich mit 19 Jahren im Visier hatte: Auf Augenhöhe mit den Silberrücken. Dabei stehe ich nicht im Zentrum, sondern als Berater eher am Spielfeldrand. Immerhin bei Tageslicht.

Was ich mit 19 nicht ahnen konnte, das war die Wirkung der zweiten Start-up-Welle: Um die Jahrtausendwende war die erste wie eine schlechte Kaugummiblase zerplatzt. Mitte der 2010er Jahre aber hatte plötzlich eine ganz neue Spezies die obersten Level der Wirtschaft gekapert. »High Performing« Jungs mit Turnschuhen, T-Shirt, Bart und Bommelmütze. So erfolgreich, dass hiesige Spitzenmanager seitdem mit schreckgeweitetem Blick nach Silicon Valley starren, sich die Krawatten vom Hals reißen und mutig »Nenn mich beim Vornamen!« rufen.

Ich dachte lange, ich hätte meine Lektion gelernt und in Performance-Fragen könnte mir keiner so leicht etwas vormachen. Doch die Welt hat sich gedreht. In den Management-Etagen sagt man jetzt »Du«. Wie bei Ikea.

Ich sehe Umbrüche als Chance — und dies ist auch das erste Geheimnis auf dem Weg an die Spitze: »High Performance« ist nichts, was man irgendwann einmal sicher erreicht hat und nichts, auf dem man sich ausruhen könnte. »High Performance« ist jeden Tag ein neues Ringen in dünner Luft.

Es ist jeden Tag ein Abenteuer, ein Tanz am Abgrund, und das Beste daran ist: Jedes Mal, wenn man glaubt, jetzt aber wirklich an der Spitze angekommen zu sein, öffnet sich eine weitere Perspektive.

»High Performance« ist eine Story ohne Ende.

Ich wünsche Ihnen strategischen Weitblick, fruchtbare Kontakte, viel Erfolg auf Ihrem Weg an die Spitze, kluge Antworten auf alle Sinnfragen und allzeit ein gutes Gefühl dafür, ob Sie, liebe Leserin und lieber Leser, heute lieber Pullover oder doch noch mal »feinen Zwirn« tragen sollten. In diesem Moment aber vor allem eine inspirierende Lektüre!

Zu guter Letzt sei erwähnt, dass es sich bei den Beispielen in diesem Buch um wahre Geschichten und reale Erfahrungen handelt. Diese wurden allerdings im Sinne des Kandidatenschutzes alle anonymisiert und verfremdet. Selbstverständlich sind auch Kandidatinnen darunter, jedoch wird im Folgenden zur besseren Lesbarkeit nur von Kandidaten die Rede sein.

Dr. Wolfgang K. Eckelt

Einleitung

Die klassische Karriere ist zu Ende. Das trifft den Dax-Vorstand, der nach zig Jahren Höhenflug plötzlich vor dem Nichts steht – und ein drei Viertel Jahr später ratlos in meinem Büro. Das trifft den Shootingstar der Tech-Gründerszene, den niemand mehr braucht, nachdem er sein Start-up verkauft hat und es im Bauch eines Mega-Konzerns verschwunden ist – und der partout nicht einsehen will, dass sein orangefarbenes T-Shirt konzernintern unverdaulich ist. Das trifft auch die einstmals erfolgreiche Abteilungsleiterin, die seit Jahren in dubiosen Projekten geparkt, von Informationen abgeschnitten und in einem staubigen Büro isoliert wird – die dann durch mein großes Fenster auf den Stuttgarter Kessel starrt und jäh erkennt: Ihre Position ist das interne »Sterbezimmer«.

Für die Kandidaten auf der alten Karriereleiter ist es ungemütlich geworden: Längst sitzen die Digital Natives an den Schalthebeln der Macht. Facebook? Google? Amazon? Das sind keine Start-ups mehr, das sind die neuen Giganten. Deutschland AG? Kennen die gar nicht. Preußische Präzision? Interessiert die nicht. Seit Beginn der Industrialisierung haben die Deutschen ihre Unternehmen so logisch konstruiert wie Maschinen. Da wurde geplant, organisiert, umgesetzt. Diese Räderwerke waren so effizient, dass sie sich gut gegen die Konkurrenz behaupten konnten.

Doch dann zog das Tempo an. Die Ansprüche zogen an. Es wurde unübersichtlich, man fing an zu tricksen, blickte nicht mehr durch, selbst ein so glanzvoller Konzern wie VW geriet ins Straucheln. Heute programmieren Start-up-Klitschen die Zukunft, Minifirmen printen billige Bauteile mit 3-D-Druckern, Apple und Google verblüffen mit Ideen für neue Autos, für vernetzte Fahrzeuge, für autonomes Fahren und das auch noch in Verbindung mit Sharing-Diensten. Wobei im Mittelpunkt der Entwicklung nicht einmal mehr das Auto selbst steht, sondern … Big Data. Im Automobilbau der Zukunft hat wohl der das Heft in der Hand, der schnell ist. Vor allem: Der die Daten hat. Und das sind neue Start-ups, das sind Apple und Google – das sind nicht die etablierten Player.

Das sind nicht die großen Automobilhersteller-Marken. Das sind auch nicht die großen Zulieferer-Marken. Bei denen geht derweil die Angst um: »Wir müssen uns ändern«, höre ich in jedem Gespräch von jedem Entscheider. »Wir wissen nur nicht genau, wie!« Um nicht allzu ratlos auszusehen, zieht man in den Führungsetagen nicht nur Krawatten aus, sondern probiert neue Geschäftsideen:

So werden autonome Fahrzeuge in Stuttgart und München getestet, es werden Elektrofahrzeuge präsentiert, Mobilitätsdienstleistungen an den Start gebracht und in Berlin eigene Start-ups eröffnet, um mitten im Hauptstadt-Feeling alles zu testen und weiterzuentwickeln, was die Branche umwälzt: Big Data, Machine Learning, Micro Services, Cloud Technologien, Industrie 4.0, Internet of Things.

Was das für die Automobilindustrie in Deutschland heißt, liegt auf der Hand: Da bleibt kaum ein Stein auf dem anderen. Konzerne, Zulieferer, kleine und auch auf hunderttausende Mitarbeiter gewachsene Unternehmen werden sich umstrukturieren, Hierarchieebenen abbauen, neue Bereiche aus dem Boden stampfen, auf andere Produkte fokussieren, verschwinden. Und das gilt nicht nur für die Automobilindustrie. Ob Kühlschrank oder Sportschuh, Klima- oder Alarmanlage, Versicherung oder Supermarkt: Big Data ist ein Thema für die gesamte Industrie, für alle Services. Big Data krempelt alles um.

Komplett umgekrempelt werden in Folge auch die Erfolgschancen für den Einzelnen. Für Sie, für Ihre Kollegen, Ihre Mitarbeiter. Den sicheren Job auf Lebenszeit, den wird es so nicht mehr geben. Der sichere Aufstieg von Level zu Level, das ist vorbei. Wege an die Spitze wird es zwar immer noch geben − nur werden wir unter »Spitze« etwas anderes verstehen und uns an den Gedanken gewöhnen müssen, dass jederzeit, praktisch aus dem Nichts, neue Erfolgschancen auftauchen können und andere, vermeintlich tolle Ideen plötzlich implodieren.

Weil neue Player auftauchen: Zum Beispiel die Plattform Uber, die das Thema Mobilität über Nacht verändert hat. Zum Beispiel die drei Kreisel-Brüder aus dem österreichischem Mühlviertel, die im Wettlauf um die weltbesten Akkus für die elektromobile Zukunft plötzlich ganz vorne mitspielen. Schon gehört? Das genau ist der Punkt. Wir haben heute von Vielem noch nichts gehört, das unsere Welt − und damit unsere Jobs − morgen radikal umkrempeln wird.

Kein Wunder also, dass mein Telefon klingelt. Zunehmend mehr Führungskräfte der mittleren Ebenen bis hin zu C-Level-Managern stellen fest, dass sich ihr Karriereplan in Luft aufgelöst hat: Ganz oben an der Spitze stehen zu wollen in einem Unternehmen, das stahlgeschmiedete Rohteile für Pleuelstangen und Ausgleichswellen produziert, das ist keine gute Idee

16

mehr in einer Zeit, in der die Industrie den Verbrennungsmotor Schritt für Schritt zu Grabe trägt. Produktionsstätten für Turbolader und eigene Schmieden werden derzeit verkauft, Portfolios strategisch sinnvoll aufgeräumt — und damit Karrieren ausgebremst, Karrieren abgeschnitten. Zack und aus.

Dieses Buch ist für alle gedacht, denen genau das passiert ist und die jetzt wissen wollen, wie es mit ihrer Karriere weitergeht. Es ist für diejenigen, die das Ende ihrer Karriereleiter vor Augen haben und rechtzeitig umsteuern wollen, damit der Weg woanders Richtung »High Performance« weiterführen kann. Außerdem ist es für alle, die noch am Anfang ihrer Karriere stehen und denen die Frage auf den Nägeln brennt: »Welche Karriere ist in Zeiten wie dieser überhaupt noch möglich?«

Der Start oder Neustart Richtung »High Performance« muss nicht mit einer Krise beginnen. Weil es in der Praxis aber sehr häufig genau so kommt, geht dieses Buch von diversen Krisen-Szenarios aus, fragt dann nach dem Erfolgsgeheimnis von »High Performern«, nach ihren Strategien, Boostern und Survival-Kits. Weil die Frage »Anzug oder Hoodie« in meinen Beratungen einen erstaunlich großen Raum einnimmt, komme ich abschließend doch noch einmal auf das Thema zu sprechen, mit dem meine eigene Karriere begann: Herrenoberbekleidung. Schließlich aber auf das, was die meisten von Ihnen am meisten umtreibt: die Sinnfrage. Die Themen im Einzelnen:

Krise: Was ist los in der Wirtschaft? Warum werden High Performer von heute auf morgen aus dem Job gekegelt? Und wie kommt es, dass neben der Karriere zumeist auch noch das Privatleben einen Knacks bekommt? Gibt es Gegenmittel? Um es gleich zu sagen: Ja, gibt es.

High Performer: Es gibt sie immer noch, die Hochleister, doch mit einem völlig anderen Mindset. Wie unterscheiden sich heute erfolgreiche Führungskräfte von denen, die irgendwann abgehängt werden? Sind sie härter, kälter, radikaler? Das sind sie gerade nicht. Und was treibt High Performer an? Geld, Macht, Anerkennung? Um Status geht es heute auch noch, aber längst nicht mehr nur darum.

Die Strategie: Wer kommt weiter? Und wie? Mit Macchiavelli-Methoden lässt sich die Karriere effektiv vorantreiben — leider kommt man dabei ganz schnell vom eigenen Kurs ab. Das geht anders besser.

Die Booster: High Performance ist nie das Ergebnis eines genialen Einzelkämpfers. Der Einzelne wird stark durch sein Umfeld — also braucht er eins mit Potential. Dazu gehören mächtige Mentoren, Coaches mit harter Kante und

Netzwerke. Aber Achtung: Nicht jeder Mentor kann relevante Türen öffnen, so mancher Coach hat seinen Job an einem einzigen Wochenende gelernt und etliche Netzwerke sind nicht mehr als Kaffeeklatsch!

An der Spitze: Endlich Vorstand? Gratulation! Doch die wirklich harte Arbeit fängt jetzt erst an. Oben ankommen ist etwas für Anfänger, oben bleiben ist die Kunst der Fortgeschrittenen. Und oben ist gar kein Platz für alle! Gerade in der Automobilindustrie ist die Zahl der Spitzenpositionen begrenzt – und sie wird in Zukunft noch kleiner. Höchste Zeit also, über alternative Wege an neue Spitzen nachzudenken.

Neue Parkettsicherheit: Die Zeit, in der Kostüm oder Anzug plus Krawatte plus eine schöne Powerpointpräsentation eine sichere Nummer waren, die ist offensichtlich vorbei. Jetzt heißt es Krawatte ab und Social Media an. Oder doch nicht?

Die Sinnfrage: Was wird »High Performance« in Zukunft heißen? Wird es auch in zehn, zwanzig Jahren noch um die Größe des Dienstwagens, um die Qualität der mechanischen Armbanduhr und um Luxus-Fernreisen gehen? Oder werden wir nach anderen Werten suchen: Lebensqualität? Zeit? Oder gar... Sinn?

Wir leben in turbulenten Zeiten. Was heute gilt, mag in einem, in zwei Jahren schon kaum mehr Gültigkeit haben. »High Performance« aber fasziniert immer. Exzellenz wirkt hochgradig attraktiv, Leistung macht den entscheidenden Unterschied. Nur anders. Der Weg an die Spitze ist immer noch erreichbar. Nur anders. Weil sich, erstens, unsere Vorstellung von »High Performance« geändert hat. Zweitens ist die Spitze eines Unternehmens nicht mehr zwingend »oben« und der Weg dorthin führt nicht mehr über Karriereleitern. Und, drittens, funktioniert »Leistung« heute anders als noch zu Zeiten der Deutschland AG.

Wie also geht heute »High Performance«? Dieser Frage wollen wir in diesem Buch nachgehen.

I. Sturz ins Bodenlose

Abgeschoben aufs Abstellgleis, angestoßen an der gläsernen Decke, abgestürzt kurz vor dem Ende der Karriereleiter – »High Performance« ist ein hartes Geschäft und der Chefsessel entpuppt sich häufig als Schleudersitz. Durch welche Krisen High Performer scheitern, wie sie es zurück auf den Weg zur Spitze schaffen, warum Outplacement nicht funktioniert und wieso es sinnvoll ist, nicht auf den Anruf eines Headhunters zu warten, sondern selbst anzurufen.

»Hindernisse und Schwierigkeiten sind Stufen,
auf denen wir in die Höhe steigen.«
Friedrich Nietzsche

1.1 Tanz auf der Nadelspitze

Der Lieblingsplatz des typischen High Performers ist der CEO-Sessel (CEO, Chief Executive Officer). Das ist das Lebensziel, dafür setzt er alles aufs Spiel und nicht wenige High Performer erreichen dieses Ziel auch in erstaunlich jungen Jahren. Nur: Einmal an der Spitze angekommen heißt noch lange nicht, für immer oben zu stehen. CEO-Sessel werden immer häufiger zu Schleudersitzen – und das, obwohl es der Wirtschaft im Moment ganz gut geht. 2014 flog jeder zehnte Vorstandschef aus seinem Job, 2015 war es schon jeder sechste, und es sieht nicht so aus, als würde sich die Lage entspannen.

Doch für die Karriere des Einzelnen haben Durchschnittszahlen und Wahrscheinlichkeiten nicht die geringste Relevanz. Was in der Wirtschaftspresse als blutleere Statistik erscheint, erlebe ich jeden Tag in meiner Beratungspraxis. Life, dramatisch, drastisch.

»1.000 Euro für jeden Kontakt«

Er klingelt so ungeduldig wie jemand, der kaum irgendwo klingelt, weil das immer ein anderer für ihn tut. Reflexartig hole ich Luft, um meinen Oberkörper so weit aufzublähen, wie es bei meiner Körpergröße maximal möglich ist. Was sich als gute Idee erweist, als ich die Türe öffne und mir ein riesiger Mann im feinsten Zwirn gegenüber steht. Im Hintergrund brummt der Motor einer großen, schwarzen Limousine mit getönten Scheiben. Der Fahrer wartet. Ich bitte herein.

Was nicht nötig gewesen wäre, weil mein Besucher längst in mein Büro vorgedrungen ist und auf einem meiner schwarzen Sessel Platz genommen hat. »Ich will Herrn X, Herrn Y und Herrn Z kennenlernen, außerdem Herrn A, Herrn B und Frau C. Machen Sie das möglich, ich zahle für jeden Kontakt«, überrascht er mich. Er kramt aus der Innentasche seines Jackets ein Smartphone hervor, dann noch eins und schließlich ein dickes Bündel Papiergeld – hauptsächlich 500-Euro-Scheine. Wenn das hier ein Fernsehfilm wäre, könnte ich ausschalten, doch das geht jetzt nicht.

»Ich kenne diese Menschen«, sage ich möglichst sachlich. »Warum sollte ich Sie mit meinen wertvollen Kontakten vernetzen?« Ich setze mich in den zweiten Sessel, schlage die Beine übereinander und versuche, kühl und desinteressiert auszusehen.

»Weil ich ein guter Kandidat bin. Ein sehr guter sogar. So einen kriegen Sie nicht jeden Tag zu sehen.«

»Glaube ich nicht.«

»Das ist mir egal. Ich will, dass Sie mich vernetzen. Sofort. Wissen Sie überhaupt, mit wem ich mich alles unterhalten kann?« Er zählt Namen auf, die sich auch auf den Pappkärtchen in meinem Visitenkartenstapel befinden.

»Und? Was ist bei Ihren Unterhaltungen herausgekommen? Nichts – oder?« Die Gesichtsfarbe meines Besuchers verändert sich in eine deutlich ungesunde Richtung. Er atmet schwer, ringt um seine Fassung, schlägt mit der flachen Hand auf das Geldschein-Bündel: *»Hier, für jeden Kontakt 1.000 Euro. Cash.«*

»Warum sollte ich das tun? Was soll ich den Kontakten denn über Sie erzählen? So etwas mache ich nicht. Nein. Niemals.« Mein Puls rast. In diesem Augenblick hätte der Antagonist im Fernsehfilm vielleicht eine Knarre gezogen, doch mein Besucher stemmt sich lediglich aus meinem Sessel und stopft Geld und Telefone zornig in die Innentasche zurück. Sicherheitshalber erhebe ich mich ebenfalls und ergreife das Wort, bevor er zu irgendetwas anderem greifen kann.

»Passen Sie auf, ich schicke Ihnen eine Mail mit Fragestellungen. Die arbeiten Sie durch und dann schauen wir weiter«, sage ich schnell. Der Kandidat würdigt mich keines Blickes, rauscht zur Tür, reißt sie auf und wirft sie hinter sich ins Schloss. Laut. Kurz darauf heult draußen der Motor auf.

Ich atme durch, öffne das Fenster und schaue ins Grüne. Mein Puls normalisiert sich erst, als ich den Rechner hochfahre und dem Kandidaten schreibe: *»Wie stellen Sie sich die Zukunft vor? Was sind Sie bereit, dafür zu tun?«* Ich formuliere zehn einfache Fragen, sende sie per Mail und höre dann vier Wochen lang nichts von meinem Besucher.

Dann klingelt das Telefon. *»Hören Sie«*, ich erkenne die Stimme, doch der Ton ist deutlich milder geworden. *»Hören Sie, ich will DAX-Vorstand werden und Sie sollen mir helfen. Ich brauche einen Sparringspartner. Um mich herum springen nur noch dressierte Affen!«*

»Okay«, sage ich. *»Aber nach meinen Regeln. Dazu gehört absolute Aufrichtigkeit. Das kann wehtun. Wenn Sie das aushalten, dann können Sie zu mir kommen.«*

Tatsächlich habe ich mich auf diesen Deal eingelassen. Wir haben intensiv gearbeitet und treffen uns immer noch gelegentlich: Auftritt und Kommunikation, Rollenverständnis und Strategiefragen, das sind die wichtigsten Themen.

Im Laufe unserer Zusammenarbeit ist etwas Interessantes passiert: Der Kandidat ist niemals von seinem Weg an die Spitze abgekommen, er hat an seinem Ziel »Vorstand« festgehalten, er hat im Laufe der Zeit aber gewissermaßen den Berg ausgetauscht. Aus dem Weg zur Himalaya-Spitze wurde der Weg zur Zugspitze. Und siehe da: Diesem Ziel fühlte er sich sehr viel mehr verbunden, den Weg meisterte er souverän — und unsere erste Begegnung scheint mir im Rückblick so unwirklich wie Hollywood.

Karriereknick: Kein Einzelfall

Plötzlich weg vom Fenster. Fälle wie diesen gibt es zu Hunderten jedes Jahr in Deutschland. Dabei sind die Gründe für das jähe Aus einer steilen Karriere so unterschiedlich wie diejenigen, die es jeweils trifft. Bei einem Teil der CEOs läuft schlicht und ergreifend der Vertrag aus, andere stürzen über illegale Geschäfte oder werden nach einem kleinen Fauxpas von einem großen Shitstorm begraben. Wieder andere stolpern über einen Burnout oder werden intern kaltgestellt.

Die aktuelle Wechsel-Studie des Beratungsunternehmens Strategy& (früher: Booz & Company und zählt seit 2014 zum Netzwerk von Price Waterhouse Coopers, PwC) zeigt, dass sich im Jahr 2015 in den 300 größten Unternehmen fast ein Drittel der geschassten Vorstandschefs vor dem Vertragsablauf verabschieden mussten. Im Vorjahr lag dieser Anteil noch bei rund 10 Prozent. Fünf interessante Details bringt die Strategy&-Studie ans Licht:

1. **Viele Branchenwechsel:** Ein Drittel der neu berufenen Vorstandschefs kam aus anderen Branchen. Das galt zum Beispiel für Telekommunikations- und Healthcare-Unternehmen sowie Energieversorger auf der Suche nach Kompetenz in Sachen Digitalisierung.[1]
2. **Kaum Frauen:** Nur gut zwei Prozent der CEO-Posten wurden mit Frauen nachbesetzt. 2014 war jeder zehnte Vorstandsposten an eine Frau gegangen.
3. **Hohe Diversity:** Das ist überraschend: Jeder dritte neue CEO hat eine andere Nationalität als das Unternehmen, das er leitet. In den USA — die allerdings insgesamt eine höhere Diversity aufweisen — liegt dieser

---

1 Dpa/ohne Autor: Der Chefsessel wird zum Schleudersitz. In: Wirtschaftswoche vom 19.04.2017; www.wiwo.de (www.wiwo.de/erfolg/management/hohe-fluktuation-in-unternehmen-der-chefsessel-wird-zum-schleudersitz/13467968.html)

Wert bei 17 Prozent, in Japan (3 Prozent) und China (6 Prozent) werden lediglich homöopathische Diversity-Dosen erreicht.

4. **Schnell an die Spitze:** Durchschnittlich waren die neuen CEOs der untersuchten deutschsprachigen Blue Chips bei Amtsantritt erst 49 Jahre alt und damit im Vergleich zum internationalen Median von 53 Jahren mit Abstand die jüngsten.

5. **Relativ lange Chef:** Die ausführliche Skandalberichterstattung der Wirtschaftsblätter lässt anderes vermuten — aber die »Haltbarkeit« einzelner CEOs liegt nicht bei lediglich zwei Jahren. Tatsächlich lag sie 2015 bei 6,3 Jahren im DACH-Raum und weltweit sogar bei 7,5 Jahren.

Dennoch hat ein CEO nur zwei Jahre Zeit, um sich zu bewähren. »Bei dem erhöhten Tempo und der Ungeduld in der modernen Geschäftswelt bleibt also wenig Zeit, die Glaubwürdigkeit und den Ruf des CEO aufzubauen«, stellt Leslie Gaines-Ross fest, die heute als Chief Reputation Strategist bei Weber Shandwick tätig ist. Ein öffentlicher Fauxpas kann in dieser kurzen Zeitspanne nur noch schwer ausgebügelt werden.[2]

Es ist wie beim Arzt: Für meine Beratungspraxis mögen Studienergebnisse zwar interessant sein, tatsächlich zählt aber nur der Einzelfall. Und dieser Einzelfall kann aller Durchschnittswerte zum Trotz eben auch schon nach sechs Wochen seinen Vorstandsposten verloren haben, nach sieben Monaten, oder nach acht Jahren.

»Der Karriereknick hält für's Leben«, schreiben Michael Machatschke und Martin Mehringer in ihrem Report über gefallene Bosse im Manager Magazin. »Einmal gebrandmarkt, führt kaum ein Weg zurück zu alten Höhen. Nur wer sich neu erfindet, bekommt eine zweite Chance.«[3]

Shitstorm: Der neue Karrierekiller

»Dieselgate« ist ein Beispiel von vielen: Martin Winterkorn war seit 2007 Chef der Volkswagen AG. Hoch geschätzt, aber auch hoch gefürchtet. Als »Wiko« seine Verwicklungen in den Skandal rund um getürkte Abgaswerte nicht mehr verbergen konnte, war seine Reputation dahin. Und damit auch seine Karriere verbrannt. Winterkorn ging, Müller kam. Matthias Müller wurde im September 2015 zum Vorstandsvorsitzenden der Volkswagen AG ernannt

2 Telgheder, Maike: Manager bestimmen das Firmenimage mit. In: Handelsblatt vom 23.03.2004; handelsblatt.com (www.handelsblatt.com/unternehmen/management/ceo-reputations-studie-manager-bestimmen-das-firmenimage-mit-seite-2/2315344-2.html)
3 Machatschke, Michael; Mehringer, Martin: Raus und Aus? In: Manager Magazin 5/2017, Seiten 76 bis 81, hier Seite 78

sowie zum Aufsichtsratsvorsitzenden der Audi AG. Seitdem beobachten die Medien und Politik, die Konkurrenz und die Kunden peinlich genau jede Zuckung des Konzernchefs, registrieren jedes Wort in jedem Interview — der Shitstorm ist immer nur einen Klick entfernt. So im November 2015: Müller erklärte in einem Interview die geringe Nachfrage nach E-Autos ungeschickterweise mit dem Verhalten der Kunden:

> *»Am Angebot mangelt es nicht, sondern an der Nachfrage: Auf der einen Seite denken und handeln viele Deutsche im Alltag grün, wenn es aber um E-Mobilität geht, haben viele Verbraucher spitze Finger.«*

Und schon liefen Twitter und Facebook heiß. »Echt frech. Keine bezahlbaren E-Autos, keine Ladestationen, aber Nicht-Käufer kritisieren«, monierte Grünen-Politikerin Renate Künast. »Seit wann gewinnt man als Unternehmen in der Krise mit Kunden-Bashing Kunden zurück?«, schossen anonyme User hinterher und sahen Müller schon am Abgrund: »Der Anfang vom Ende bei VW (…) perfekt von Herrn Müller initiiert. Adieu!«[4]

Privatmeinungen, sicher, die heute aber schnell den Weg in die Wirtschaftsmedien finden, weil sie so herrlich emotional sind, so wunderbar politisch unkorrekt. Genau das richtige Gewürz also für schnell recherchierte Meldungen. Und Sprengstoff für die CEO-Karriere. Der Schritt zur Vernichtung der jahrelang mühsam aufgebauten Reputation ist heute sehr, sehr klein geworden.

Schon immer können es ganz kleine Gesten sein, die große Karrieren zu Fall bringen. Etwa das Victory-Zeichen von Josef Ackermann im Mannesmann-Prozess Januar 2004 — in einer Zeit also, als Facebook noch gar nicht gegründet war (das passierte im Februar 2004). Seit der »Stinkefinger«-Diskussion rund um Griechenlands Finanzminister Varoufakis im Jahr 2015 sind wir nicht einmal mehr sicher, ob Gesten mediale *fakes* sind oder nicht. Das macht die wertvolle Ware Reputation noch viel zerbrechlicher, als sie es ohnehin schon immer war.[5]

Und das stresst High Performer. Eine aktuelle Umfrage der Personalberatung Odgers Berndtson in Kooperation mit dem Handelsblatt zeigt, dass drei Viertel der Befragten in Folge der digitalen Transformation einen

---

4 Neuhaus, Andreas: »Der Anfang vom Ende bei VW«. In: Wirtschaftswoche vom 21.11.2016; wiwo.de (www.wiwo.de/unternehmen/auto/shitstorm-fuer-matthias-mueller-der-anfang-vom-ende-bei-vw/14873948.html)
5 Ppa/ohne Autor: ZDF stellt klar: Es war ein Fake. In: n-tv.de vom 19.03.2015 (www. n-tv.de/politik/ZDF-stellt-klar-Es-war-ein-Fake-article14735421.html)

insgesamt erhöhten Wettbewerbsdruck spüren. Rund 29 Prozent konstatieren, die erhöhte Transparenz lasse Schwächen einzelner Führungskräfte schneller zutage treten. Und 42 Prozent finden, dass soziale Medien und Arbeitgeber-Bewertungsplattformen das Image eines Unternehmens und seiner Manager stark beeinträchtigen können.[6]

Diese Entwicklung kann ich bestätigen. Jedes Jahr steigt die Zahl derjenigen, die ganz konkret Bühnenpräsenz und Auftritt trainieren möchten, vor allem aber Strategiegespräche. Ein solches Training ist freilich auch möglich mit Fernsehmoderatoren oder Präsentationstrainern – viele der auf dem Trainingsmarkt angebotenen Formate sind meiner Einschätzung nach aber reine Oberflächenkosmetik. Wenn ich mit einem Kandidaten arbeite, interessiert mich die »reine Lehre« nicht. Es geht vielmehr um »Passung«. Wie genau muss eine Argumentation aufgebaut werden, um einen ganz bestimmten Player zu überzeugen? Welcher Habitus baut die richtige Brücke zum Gegenüber? Viele Trainer drehen Videofilme von den Präsentationen ihrer Kandidaten, um diese dann gemeinsam zu analysieren. Ich analysiere mit meinen Kandidaten vor allem Videos der Gesprächspartner. Es ist ein wenig so wie beim Fußball: Je besser man Strategien, Taktik und Stil des Gegners kennt, desto souveräner das eigene Spiel.

Reputation: »Perception beats Performance«

Reputation ist ein Hard Fact. Nicht nur für die eigene Karriere, sondern auch für die Performance des Unternehmens insgesamt. Knickt der CEO ein, kann das den Aktienkurs mit in den Keller ziehen. Umgekehrt: Steht ein strahlender CEO an der Spitze, profitiert das Image des gesamten Unternehmens.

Messbar! Die Unternehmenslenker mit der weltweit höchsten Reputation führen die international meist geschätzten Unternehmen. Einer PwC-Studie zufolge steht Bill Gates auf dem ersten Platz der am meisten geschätzten CEOs, sein Unternehmen Microsoft liegt auf Platz zwei der »most respected companies« hinter General Electric.[7]

Ist der Ruf eines CEOs in der Öffentlichkeit ruiniert, zieht das in den meisten Fällen das Karriereende nach sich. Und zwar – das ist der erstaunliche und harte Befund – *unabhängig* von der messbar erbrachten Leistung für das Unternehmen. Performance bemisst sich heute also nicht nur nach dem

---

6 Obmann, Claudia: Ab in den Ashram, Chef! In: Handelsblatt 17.-19. Februar 2017, Nr. 35, Seite 51
7 Telgheder, Maike, a.a.O.

wirtschaftlichen Verdienst eines High Performers, sondern auch daran, wie der Performer selbst von der Öffentlichkeit wahrgenommen wird.

Bei mehr als 80 Prozent der auf ihrem Posten gescheiterten CEOs ist denn auch der Verlust der öffentlichen Wertschätzung der zentrale Grund für ihre Entlassung — so eine Analyse von 40 nationalen und internationalen Top-Managerkarrieren aus dem Hause Roland Berger.[8]

Die Performance-Herausforderung hat sich damit verdoppelt: Story Telling (»Das habe ich erreicht!«) und Story Selling an die richtigen Adressen (»Seht her, das hat er erreicht!«). Im Zweifelsfall zählt Letzteres sogar mehr.

Wenn ein High Perfomer mit einer hohen Reputation verbunden werden kann, profitiert dieser enorm. Warum das so ist, erklärt Robert Greene in seinem Buch »Power« mit einem Hinweis auf das, was uns neben der Ratio immer noch umtreibt — Mythos und Magie:

> »Dem Ruf wohnt eine Kraft wie der Magie inne: Mit einem Streich seines Zauberstabs kann sich Ihre Stärke verdoppeln. (…) Ob ein und dieselbe Tat als brillant oder abscheulich erscheint, kann einzig und allein vom Ruf des Täters abhängen.«[9]

So ist es zu erklären, dass ein CEO mit nur kleiner Reputation nach einem Fehltritt seinen Job verliert — und ein anderer nach dem gleichen Fehltritt bleibt. Ausschlaggebend ist eben nicht »die Tat« an sich, sondern das tragende Netzwerk aus Partnern, Fürsprechern, Mentoren, treuen Fans und der gute Ruf. Wer als »guter Mann« (oder als »gute Frau«) gilt, der kann sich einiges erlauben.

Abgestraft: Zurück auf Los

Der Absturz von der Spitze passiert in allen Branchen und wirkt in der Öffentlichkeit immer »plötzlich«: Christian Wulff sah sich 2012 mit Korruptionsvorwürfen konfrontiert und trat aus dem Amt des Bundespräsidenten zurück. Heute ist er Wirtschaftsanwalt. Margarethe Schreinemakers, in den 1990ern eine bekannte Talkmasterin und heute fast vergessen, stand unter dem Verdacht der Steuerhinterziehung und verlor ihre

---

8 Center of political economy and society (copes) an der Quadriga Hochschule Berlin; Roland Berger Strategy Consultants: Perception beats Performance — woran Manager scheitern. Berlin/München 2015 (www.keynote-kommunikation.de/roland-berger-studie-perception-beats-performance/)
9 Greene, Robert: Power. Die 48 Gesetze der Macht. München: Deutscher Taschenbuchverlag 2002. Seite 71

quotenstarke Sendung. Heute entwirft sie Möbel.[10] Anshu Jain brachte als Chef der Deutschen Bank Milliardenstrafen statt der erhofften Millionengewinne. Dafür wurde er auf der Hauptversammlung 2015 abgestraft und räumte anschließend seinen Posten. Heute arbeitet er als »President« ohne operative Aufgaben in einem kleinen und wenig bekannten US-Investmenthaus: Cantor Fitzgerald.[11]

Die gute Nachricht: Hinterm Horizont geht's weiter. Es finden sich neue Chancen, neue Positionen, auch wenn sie etwas weniger glamourös sein mögen.

Nach manch einer Krise geht es sogar besser weiter als zuvor. Für einen solchen Fall steht der viel zitierte Unternehmer Max Levchin:

> *»Das erste Unternehmen, das ich gegründet habe, ist mit einem großen Knall gescheitert. Das zweite ist ein bisschen weniger schlimm gescheitert, aber immer noch gescheitert. Und wissen Sie, das dritte ist auch anständig gescheitert, aber das war irgendwie okay. Ich habe mich rasch erholt, und das vierte Unternehmen überlebte bereits. Es war keine großartige Geschichte, aber es funktionierte. Nummer fünf war dann Paypal.«*[12]

Tiefstapeln ist leicht, wenn man es nicht nötig hat. Levchin und seine Partner haben ihren Online-Bezahldienst mittlerweile für 1,5 Milliarden Dollar an Ebay verkauft.

Burnout: Wenn High Performern die Luft ausgeht

»High Performance« ist nichts, was man eben mal nebenbei zwischen neun und fünf Uhr erledigt. Typischerweise arbeiten Performer mit Spitzen-Ambitionen schon in jungen Jahren viel mehr und viel härter als andere. Diesen Fakt hat Malcolm Gladwell in seinem Buch »Überflieger« mit der 10.000-Stunden-Regel auf den Punkt gebracht: Musiker zum Beispiel, die eine schwierige Aufnahmeprüfung an einem renommierten Institut bestehen, unterscheiden sich von den anderen nur darin, wie viel sie gearbeitet haben. »Das ist alles«, schreibt Gladwell. »Und die Elitemusiker übten

---

10 Wedemeyer, Juliane von: »Das meiste, was ich versuche, misslingt.« In: Süddeutsche Zeitung vom 19.06.2016; www.sueddeutsche.de (www.sueddeutsche.de/karriere/cv-of-failure-das-meiste-was-ich-versuche-misslingt-1.3036454)
11 Rexer, Andrea: Anshu Jain geht zurück auf Los. In: Süddeutsche Zeitung vom 03.01.2017; www.sueddeutsche.de (www.sueddeutsche.de/wirtschaft/topmanager-anshu-jain-geht-zurueck-auf-los-1.3319537)
12 Wedemeyer, Juliane von, a.a.O.

nicht einfach nur mehr oder viel mehr als die übrigen. Sie übten *sehr* viel mehr.«[13] Nämlich mindestens 10.000 Stunden.

High Performer starten sehr früh durch. Wenn sie dann früh in einer Position mit viel Spielraum und viel Verantwortung landen und dabei leidenschaftlich für ihre »Mission« brennen, treffen sich Freiheit und Leidenschaft. Das setzt enorme Energie frei, das ergibt aber auch eine brisante Mischung.

»Wenn wir uns mit Begeisterung einer Sache widmen, schüttet das Gehirn Dopamin aus, was uns noch leistungsfähiger macht«, erklärt Miriam Goos. Die Neurologin aus Göttingen hat 2011 eine Beratungsagentur zur Burnout-Prävention gegründet und beobachtet, dass »High Performance« ein ganz eigenes Sogpotential entwickeln kann. Erfolge können süchtig machen, und um immer mehr Erfolge einzufahren, wird immer härter gearbeitet. »Wer noch dazu alles selbst bestimmen kann, fühlt sich wie beflügelt, fast übermenschlich«, sagt Goos[14] — und das deckt sich mit meinen Erfahrungen. Dass Schlaflosigkeit, Nervosität bis hin zu Panikattacken, zuckende Augenlider und Tinnitus ignoriert oder in Eigenregie behandelt werden — mit Beruhigungs- und Aufputschmitteln im Wechsel, mit Alkohol und Koffein, Ritalin und Hochdosis-Vitaminkuren, wie sie auch Leistungssportlern nicht unbekannt sind — das ist in den Top-Etagen der Wirtschaft nicht die Ausnahme. Das machen die meisten High Performer, die ihre Leistungsziele weit über dem Level angesiedelt haben, das sie aus eigener Kraft erreichen können.

Viele halten den Tanz auf der Nadelspitze erstaunlich lange durch — manch einer stürzt ab. Burnout. Depression. Dann geht gar nichts mehr. Die Rückkehr in den Job kann Monate dauern, bei manchen auch Jahre. Nach einem Burnout sind viele Betroffene schon froh, wenn sie überhaupt wieder einen Job antreten können. Anderen gelingt ein zweiter Anlauf in der High-Performance-Liga. Im besten Fall haben sie gelernt, ihren Performance-Willen smarter zu dosieren.

Suizid: Verbreiteter als angenommen

Es ist ein Tabu-Thema und sollte gerade deshalb nicht totgeschwiegen werden: Nach einer plötzlichen Kündigung nehmen sich nicht wenige High

---

13 Gladwell, Malcolm: Überflieger. Warum manche Menschen erfolgreich sind — und andere nicht. München: Piper 2012. Seite 29 f
14 Burfeind, Sophie: Wenn Gründer sich kaputtarbeiten. In: Süddeutsche Zeitung vom 14.02.2017; www.sueddeutsche.de (www.sueddeutsche.de/karriere/burn-out-wenn-gruender-sich-kaputtarbeiten-1.3372938)

Performer das Leben, vor allem Männer. Etwa ein Fünftel aller Selbstmorde in 63 untersuchten Ländern stehen in Verbindung mit Arbeitslosigkeit, so das Ergebnis einer Untersuchung der Psychiatrischen Universitätsklinik Zürich. Betroffen sind natürlich nicht nur CEOs, sondern alle, die sich Sorgen um ihren Job und damit um ihre Reputation machen. So steigt die Suizidrate sogar jeweils sechs Monate vor den Anstieg der Arbeitslosenquote.[15]

Warum der Jobverlust wie ein Fall ins Bodenlose erlebt wird? Plötzlich fehlt die persönliche Assistentin, es gibt keinen übervollen Terminkalender mehr, keine Meetings, keine Geschäftsessen, keine Rundum-Versorgung in besten Hotels, oftmals überhaupt keine Kontakte mehr. Vor allem dann, wenn gerade wegen der drängenden Termine weder der Draht zur eigenen Familie noch der zu Freunden gepflegt wurde.

Nach »work hard, play hard« kommt dann die große Leere: Ein emotionales Vakuum, ein Gefühl der Sinnlosigkeit, ein Verlust der Lebensperspektive. Wenn durch den Jobverlust dann auch noch die Finanzierung des eigenen Lebensstils zusammenbricht, sieht mancher als letzten Ausweg nur noch den Strick.

Das klingt drastisch, das ist drastisch und damit will kein High Performer etwas zu tun haben. An dieser Stelle ist es umso wichtiger, auch ein derartiges Szenario nicht zu verhehlen: Wenn eine High-Performance-Karriere knickt, geht es häufig um einen existenziellen Einschnitt in eine bis dato hoch erfolgreiche Biografie mit viel öffentlicher Aufmerksamkeit. Ein »turn around«, wenn man die Krisenbewältigung so nennen darf, erfordert ein enormes Maß an Kompetenz und Fingerspitzengefühl auf Seiten der persönlichen Berater. Mit ein wenig Coaching hier und ein bisschen Outplacement-Beratung da ist es in den meisten Fällen nicht getan — und wenn Berater zu wenig von ihrem Job verstehen, kann es gefährlich werden. Nicht jeder erkennt eine Suizidgefahr.

Tabuthema: Sex, Affären, »Belästigungsvorwurf«

Auch darüber wird oft nicht gesprochen: Im Führungskräftecoaching geht es oft nur zu Beginn um die richtige Strategie auf dem Weg an die Spitze. In vielen, sogar in den meisten Fällen kommt irgendwann etwas ganz anderes zur Sprache: Sex.

---

15 Gratwohl, Natalie: Der Schock nach der Kündigung. In: Neue Zürcher Zeitung vom 03.06.2016, www.nzz.ch (www.nzz.ch/wirtschaft/unternehmen/firmen-helfen-bei-entlassungen-fw-kuendigung-bildlegendezusatz-ld.86384?reduced=true)

Viele High Performer der alten Schule leben in einem sexuellen Dauernotstand, wenn ich das einmal so nennen darf. Die Ehe funktioniert längst nicht mehr, weil der Terminkalender praktisch keine gemeinsame Zeit mehr zulässt — es sei denn für repräsentative Zwecke. Dass die Lücke häufig mit diversen Liaisons gefüllt wird, ist kein Geheimnis.

Und genau das kann eine Karriere in die Krise stürzen. Der frühere Hewlett-Packard President und CEO Mark Hurd zum Beispiel hatte ein »Erotiksternchen« als Assistentin engagiert und aus dem Werbeetat bezahlt. Keine gute Idee, er musste 2010 gehen. Von Dov Charney, dem Gründer und langjährigen CEO der Modemarke American Apparel heißt es im Manager Magazin, er solle »beim Interview vor einer Journalistin masturbiert, Mitarbeiterinnen genötigt haben und nur in Unterhosen durch seine Fabriken spaziert sein.« Mit dem Spitznamen »laufende Erektion« war eine langfristige Karriere dann auch nicht mehr möglich.[16]

Steht ein Belästigungsvorwurf im Raum oder sogar eine Anklage, wird es allerdings auch für Coaches und Berater schwierig. Erinnert sich jemand an Dominique Strauss-Kahn? Dass er einmal der angesehene Leiter des Internationalen Währungsfonds war, ist längst vergessen. In Erinnerung bleibt vor allem die Szene, als er in New York in Handschellen aus dem Flieger geholt wurde. Zum Verhängnis wurde ihm der Vorwurf einer Hotelangestellten, sie sexuell genötigt zu haben.

Das sind die großen Fälle, die bekannten Namen. Daneben gibt es unzählige, private »Notsituationen«, die dann im sicheren Setting beim Führungscoach zur Sprache kommen können. Und auch sollten. Denn High Performance geht immer den ganzen Menschen an.

Kaltgestellt: Endstation Sterbezimmer

Wenn Unternehmen sich umstrukturieren, heißt das in den meisten Fällen: Personal muss weg. Und es kann auch heißen: High Performer müssen weg. Das ist in Deutschland aus arbeitsrechtlichen Gründen nicht ganz einfach. Und für Unternehmen, die den korrekten Weg mit Auflösungsvertrag und Abfindung gehen wollen, kann es schnell sehr, sehr teuer werden. Um Kosten zu sparen, setzen etliche Unternehmen — und man wundert sich, wie viele große Namen auf der Liste dieser etlichen Unternehmen stehen — eine andere Methode ein: das so genannte Sterbezimmer.

---

16 Freisinger, Gisela Maria; Schwarzer, Ursula: Basis Instincts. In: Manager Magazin 3/2017, Seiten 106 bis 111

»Das ist eine Mobbinghandlung, jemanden räumlich zu isolieren, ihm ein entlegenes Büro zuzuweisen, keine Aufgaben, keine Informationen mehr zu geben und dann frech zu sagen: Wir hatten eine Sitzung, warum bist du nicht gekommen?«

So erklärt Gabriele Bringer diese leider verbreitete Art der Karriere-»Sterbehilfe« in Unternehmen. Bringer ist Diplom-Psychologin und Geschäftsführerin des Stress-Zentrums Berlin. Sie wird regelmäßig kontaktiert, wenn in Unternehmen die Fetzen fliegen. »Ich habe das kaum glauben können«, sagt sie, »in Krisenzeiten machen das tatsächlich manche Führungskräfte. Sie sagen mir dann im Gespräch: Anders werde ich den ja nicht los.«[17]

Ich kann diese Einschätzung bestätigen: Die Adressverzeichnisse mancher Firmen sind voll mit gefallen Helden. Als sichtbares Zeichen ihrer Degradierung dienen Jobtitel wie »Leiter Sonderprojekte« oder »Funktionale Konzepte«; gegenüber Freunden und Familie reicht die Konstruktion gerade eben noch aus, um den Schein des Erfolgs aufrecht zu erhalten.

Die Gründe für einen Absturz vom C-Level sind zahllos, sie sind komplex und vielschichtig. Es kann jeden treffen — und gerade deshalb ist es so wichtig zu wissen, was im Falle eines Falles zu tun ist: Welche innere Haltung macht »unverwundbar«? (Mehr dazu in Kapitel 2) Wie kommt die Motivation zurück (ebenfalls Kapitel 2). Mit welcher Strategie gelingt der Weg zu neuer High Performance? (Kapitel 3) Wer hilft durch die Krise? Im Detail schauen wir uns das in Kapitel 4 an — an dieser Stelle aber ein Blick auf die gängige Praxis der Outplacement-Beratung, die meiner Einschätzung nach in ihrer Wirkung häufig stark überbewertet wird.

---

17 Kals, Ursula: »In jedem dritten Fall mobbt der Chef.« Gespräch mit Wirtschaftspsychologin Gabriele Bringer. In: Frankfurter Allgemeine Zeitung vom 21./22. Januar 2017, Seite C2

1.2 Outplacement: Trostpflaster statt Karriere-Booster

Kündigungen sind ein schmutziges Geschäft. Auch wenn es gute Gründe für die Entlassung eines Top-Managers geben mag: Die Reaktionen der Geschassten können extrem sein: Manch einer verbarrikadiert sich hinter einer versteinerten Miene — das ist die glimpflichste Variante. Andere werden wütend, laut und aggressiv, drohen mit Gerichtsprozessen. Wieder andere zieht es in den Schutz des eigenen Autos und auf die Autobahn, um den Frust im Rausch der Tempolimitüberschreitung abzureagieren oder an die Schnapsflasche. Nervenzusammenbruch, Herzinfarkt — alles ist möglich.

Der Händchenhalter wartet im Nebenzimmer

Diese Momente sind für Unternehmen derartig unangenehm, dass man sich Hilfe von außen holt: von Outplacement-Beratern. Diese sitzen bei einer Entlassung schon im Nebenzimmer und bieten bei Bedarf sofort ihre Hilfe an.

Wenn die ersten Scherben aufgesammelt sind, greift der vom Unternehmen finanzierte Outplacement-Beratungsprozess. Je nach Vereinbarung mit dem Beratungshaus läuft dieser Prozess über drei Monate, ein halbes Jahr lang oder sogar unbefristet. Jeder Teilnehmer bekommt einen persönlichen Berater, den er anfangs zum Beispiel jede Woche sieht und später je nach Bedarf in größeren Abständen. Auf dem Programm steht die Analyse des Status quo, dann die Bildung eines überzeugenden Kandidatenprofils und schließlich eine Strategiephase, die im Idealfall zu einem neuen Arbeitsplatz führt. Für High Performer wird die Beratung in der Regel als Einzeloutplacement angeboten. Laut Bundesverband Deutscher Unternehmensberater (BDU) war im Jahr 2015 der typische Kandidat im Einzeloutplacement 46 Jahre alt und hatte ein Bruttojahreseinkommen von 105.000 Euro.[18] Für die Ebene der Teamleiter und Mitarbeiter werden häufig günstigere Gruppenoutplacement-Programme gebucht.

Durch den mit Digitalisierungsprozessen und disruptiven Branchenentwicklungen einhergehenden, hohen Veränderungsdruck in den Unternehmen verlieren derzeit vergleichsweise viele High Performer ihren Job. Entsprechend gut geht es den Outplacement-Beratungen. Im Zeitraum 2012 bis 2015 ist der Umsatz der Branche im Durchschnitt jedes Jahr um 4,9 Prozent gestiegen.

---

18 Bundesverband Deutscher Unternehmensberater BDU e.V.: Outplacementberatung in Deutschland 2015/2016. Bonn 2016 (www.bdu.de/media/261048/studie-opb-2016.pdf)

Warum Outplacement nicht funktioniert: Vier Kritikpunkte

Laut Bundesverband Deutscher Unternehmensberater (BDU) wurden im Jahr 2015 rund 8.000 Kandidaten von Outplacement-Beratern bei der beruflichen Neuorientierung begleitet, rund drei Viertel hiervon in Einzeloutplacement-Programmen. Nur jedes vierte Mandat lief auf unbefristete Zeit. Und genau hier liegt mein *erster Kritikpunkt*:

Ein Outplacement-Prozess, der ohne erfolgreiche Vermittlung eines Kandidaten endet, ist meiner Einschätzung nach Augenwischerei. Hier geht es nicht wirklich um das Schaffen neuer Karriereperspektiven, und genau das unterstreicht auch der BDU: »Arbeitgeber können durch eine faire Trennungskultur Pluspunkte sammeln und somit positive Signale nach innen und außen senden. Weiterhin hilft ein professionell geplantes und durchgeführtes Trennungsmanagement, ressourcen- und kostenintensive Rechtsstreitigkeiten zu vermeiden.« Darum geht es. Der geschasste High Performer selbst, der interessiert im Unternehmen niemanden mehr.

Das Vermeiden teurer Rechtsstreitigkeiten via Outplacement lassen sich Unternehmen einiges kosten: Die Honorare in unbefristeten und befristeten Einzeloutplacement-Programmen lagen laut BDU im Jahr 2015 zwischen 13 Prozent des Brutto-Jahreseinkommens der Kandidaten bei einer Laufzeit bis zu sechs Monaten und 21 Prozent bei einer unbegrenzten Laufzeit.

Besonders perfide ist die Formulierung, Outplacement sei als »qualifizierte Hilfe zur Selbsthilfe« zu verstehen. Und das ist mein *zweiter Kritikpunkt*: Konkrete Jobangebote werden also nicht vermittelt, oftmals schon deshalb, weil Outplacement-Berater häufig nicht über die Netzwerke verfügen, die den Weg an die Spitze freimachen können. Konkrete Jobangebote müssen sich die Teilnehmer also selbst erarbeiten. Was schwierig ist: Meiner Erfahrung nach werden die meisten offenen Positionen in Unternehmen nicht offiziell ausgeschrieben. Häufig kursiert dabei die Zahl 70. Es mag sein, dass 70 Prozent der Stellen nicht ausgeschrieben werden – diese Einschätzung unterschlägt aber die vielen Stellen, die echten High Performern mit ihren oft sehr ungewöhnlichen Kompetenzprofilen erst in dem Moment auf den Leib geschneidert werden, in dem der Kontakt zu einem Unternehmen zustande kommt.

Übrigens sind auch die von manchem Outplacement-Berater entworfenen Lebensläufe und Anschreiben nicht wirklich hilfreich: Dem Kandidaten mögen sie super professionell erscheinen, Insider aber erkennen an Stil und Formulierungen sofort, aus welchem Outplacement-Haus die Unterlagen kommen.

Es kommt noch ein *dritter Kritikpunkt* dazu: Häufig bleibt geschassten High Performern nichts anderes übrig als ein Branchenwechsel. In jüngster Zeit hat es viele Manager von Banken getroffen, in Zukunft wird es Manager der Automobilzulieferindustrie treffen. Statt aber die Kandidaten dabei zu unterstützen, High Performance für sich selbst neu zu definieren und die eigene Karriere ganz neu und ganz anders zu denken, zielt Outplacement häufig auf ein Downgrading. Nach dem Motto: »Dann eben ein weniger interessanter Job, dann eben eine weniger zahlungskräftige Branche.« Hier werden meiner Einschätzung nach viel zu früh viel zu große Kompromisse verkauft, von denen hinterher niemand etwas hat. Wie lange wird wohl ein High Performer einen unterfordernden Job ertragen, bevor der *Bore-Out* zuschlägt und er abermals gekündigt wird – oder selbst kündigt? »Menschen möchten erfüllt, beseelt von ihrer Aufgabe sein«, ist das Coaching-Duo Echter/Assig überzeugt.

»Der autonome Wille versucht unablässig sich durchzusetzen, das heißt er muss in der unterfordernden Situation mit aller Kraft gebremst werden. Das tut nicht gut.«

Ein Job mit Bremsklotz am Bein schadet dem High Performer – physisch wie psychisch – und dem bremsenden Unternehmen schadet es auch. Denn von *Bore-Out* zu *Underperforming* ist der Schritt sehr klein.

Und noch ein *vierter Punkt:* Hinter jeder offiziell ausgeschriebenen Position steht ein Bündel an Vorannahmen über denjenigen, der diese Position einmal ausfüllen soll. Echte High Performer interessieren sich aber nicht für die Vorannahmen anderer. Sie bewegen sich auf ihrem eigenen Weg nach ihren eigenen Gesetzen, sie entwickeln sich aus eigenem Antrieb weiter und erschließen sich selbst immer wieder neue Bereiche, in denen sie neue Erfolge erzielen können. Ab einer bestimmten Entwicklungsstufe sind Kompromisse für High Performer weder interessant noch überhaupt erträglich.[19]

Laut BDU findet jeder zweite Kandidat im Verlauf des Einzeloutplacement eine neue Tätigkeit über das eigene Netzwerk oder durch eine klassische Bewerbung. An dieser Stelle stellt sich für mich die Frage: Wozu braucht er dann ein Outplacement? Jeder fünfte Kandidat lässt sich am Ende durch

---

19 Vgl. zu diesem Gedanken auch Assig, Dorothea; Echter, Dorothee: Ambition. Wie große Karrieren gelingen. Frankfurt am Main: Campus 2012, Seite 26

einen Personalberater vermitteln. Auch hier wieder die Frage: Wozu dann vorher das Outplacement?

Meiner Einschätzung nach funktioniert Outplacement lediglich dann, wenn sich Mitarbeiter ihren Berater selbst wählen können und wenn dieser Berater statt nur Händchen zu halten relevante Kontakte herstellt. Außerdem dann, wenn das Unternehmen so lange bezahlt, bis tatsächlich eine alternative Beschäftigung gefunden wurde. Das ist in der Regel teurer als eine Abfindung. Und das ist auch kein Outplacement mehr. Das ist der seltene Fall, wenn Headhunter als Coaches tätig werden.

1.3 Königsmacher: Was Headhunter anders machen

Ausgewählten Kandidaten biete ich genau das an. Warum nur ausgewählten Kandidaten? Ich arbeite normalerweise nicht im Auftrag einzelner Personen, sondern im Auftrag von Unternehmen. In meinem Buch »Kandidaten lesen: Mit dem Headhunter-Schlüssel zur treffsicheren Personalauswahl« (Springer Gabler 2016) habe ich gezeigt, wie ich dabei vorgehe und aus welchen Gründen ich als externer Berater bessere Kandidaten finden kann als interne Recruiter oder mancher Kollege.

»Kandidaten lesen« richtete sich in erster Linie an Unternehmen auf der Suche nach dem perfekten Kandidaten, wurde aber auch von vielen High Performern gelesen, die nach Insider-Informationen für die eigene Karriereplanung suchten. An diese Erfahrung knüpfe ich an, wenn ich nun sage: In Krisensituationen helfen Headhunter High Performern auf ihrer Suche nach der perfekten, neuen Position wirksamer als Outplacement-Berater. Mehr noch: Outplacement-Berater können mit ihren Ansätzen gar nicht so wirksam helfen. Geht nicht! Wie komme ich nun zu dieser steilen Behauptung?

Outplacement-Berater sind abhängig – Headhunter sind unabhängig

Outplacement-Berater werden eingekauft von Unternehmen, die Manager und Mitarbeiter entlassen. Ihre Mission ist es, den Ruf des Unternehmens intern wie extern zu schützen und die überbordenden Emotionen der gekündigten Kandidaten säuberlich zu entschärfen. Ob die Teilnehmer der Outplacement-Prozesse hinterher einen High-Performance-Job bekommen haben oder nicht, das interessiert sie nicht. Es geht in erster Linie darum, die Kandidaten zu beschäftigen, um nicht zu sagen: zum Schweigen zu bringen. In diesen Rahmenbedingungen ist für Kandidaten ein neuer Weg an die Spitze praktisch schon verbaut, bevor er begonnen hat.

Anders als Outplacement-Berater bin ich unabhängig. Wenn ich einen Kandidaten interessant finde, setze ich meine komplette Energie und die ganze Bandbreite meiner Kontakte ein, um ihm den Weg zu einer Top-Position freizumachen.

Das ist der Erfolg, aufgrund dessen ich weiterempfohlen werde. Und nur dann.

Outplacement-Berater lehren »Allgemeinwissen« – Headhunter garantieren »Geheimwissen«

Gerade in Gruppenoutplacement-Prozessen stehen auf dem Stundenplan sehr simple *basics:* Was sage ich im Bewerbungsgespräch? Wie geht effektives Networking? Diese Art von Karriere-Allgemeinwissen ist sicherlich nicht falsch, es ist ja auch überall nachzulesen, es ist im Einzelfall nur nicht hilfreich.

Denn was nutzt es dem High Performer, wenn er im Bewerbungstraining Augenkontakt geübt hat, der Lenker der IT-Firma als introvertierter Nerd seinen Kandidaten aber gar nicht in die Augen schauen möchte? Was helfen vorgestanzte Antworten für typische Vorstellungsgespräche, wenn der Inhaber des schwäbischen Metallverarbeitungsunternehmens sich überhaupt nicht für typische Vorstellungsgespräch-Fragen interessiert, stattdessen aber für Außenpolitik?

Anders als Outplacement-Berater kann ich High Performer konkret auf die Personen einstimmen, die er in einem Unternehmen antreffen wird. Ich kann detaillierte Angaben zur Firmenkultur und zum Habitus geben. Also genau das, was in keiner Karrierebibel steht. Hierbei greife ich auf 20 Jahre Berufserfahrung zurück, in denen ich ein ausgezeichnetes Netzwerk aufgebaut habe, so dass ich die relevanten Player persönlich kenne und weiß, wie jeder tickt. So wird Passung möglich.

Und perfekte Passung ist genau das, was auf dem Weg an die Spitze den entscheidenden Unterschied ausmacht.

Outplacement-Berater reparieren Profile – Headhunter schärfen Profile

Die sogenannte Profilbildungsphase ist fester Bestandteil der meisten Outplacement-Prozesse. Der Grundgedanke ist so verkehrt nicht: Gemeinsam mit dem Kandidaten wird geschaut, wie sich aus den gesammelten Kompetenzen und Erfahrungen ein stimmiges Bild bauen lässt, das in Personalabteilungen sofort verstanden wird. Das Ergebnis mag schön und gut sein – es ist aber typischerweise allein vom Kandidaten aus gedacht. Und nicht im Hinblick auf ein ganz bestimmtes Unternehmen mit einer ganz bestimmten Vakanz zugespitzt.

Doch genau darauf kommt es an.

Die »Profilbildungsphase« ist in meiner Beratung deshalb immer nur der erste Schritt. Dabei interessiert es mich übrigens überhaupt nicht, ob ein

Profil hinterher »stimmig« ist oder nicht. Wer, bitteschön, ist schon »stimmig«? Es interessiert mich auch kaum das Anschreiben und nicht einmal der genaue Lebenslauf, und ob beide in »Arial« gesetzt wurden oder in »Garamond«. Viel mehr interessieren mich die besonderen Interessen eines Menschen, seine Erfolge, seine Begabungen, seine geheimsten Abgründe und das, was ihn im Innersten antreibt. Wie genau ich diese Punkte erfasse, habe ich in meinem Buch »Kandidaten lesen« im Detail beschrieben.

Outplacement-Berater halten Systeme störungsfrei – Headhunter verbinden Systeme

Outplacement-Berater sind Reputationsretter für Unternehmen. Ihre Mission besteht im Vermeiden von Chaos und Kosten. Im Klartext: Shitstorms verhindern, schlechte Presse verhindern, Klagen verhindern. Es geht darum, das System »Unternehmen« abzuschotten von der miesen Stimmung gefallener High Performer.

Ich tue genau das Gegenteil. Ich öffne das geschlossene System »Unternehmen« für neue Performer. Und zwar so: Nachdem ich einen Kandidaten kennengelernt habe, wechsele ich die Perspektive und nehme den Kandidaten aus Sicht der suchenden Unternehmen unter die Lupe. Passt er wirklich in die spezifische Unternehmenskultur? Harmoniert er tatsächlich mit den speziellen Vorgesetzten — oder ist er doch zu flapsig oder zu intellektuell, zu introvertiert oder zu dominant oder sogar rein physisch eine zu winzige oder allzu imposante Erscheinung?

Über diese Nuancen wird niemals offen gesprochen, schon gar nicht in einer Outplacement-Beratung. Und doch kommt es auf genau diese Nuancen an. Das Spezialwissen bestens vernetzter Personalberater liegt genau hier.

Es geht mir also nicht um »Profilbildung«. Es geht mir um die perfekte Passung eines bestimmten High Performers zur Unternehmenskultur eines bestimmten Unternehmens. Beide Systeme schaue ich mir im Detail an, beide Systeme analysiere ich schonungslos und zum Schluss verbinde ich beide Systeme.

So kommt es zu einer dreifachen Win-Situation: Das Unternehmen hat den perfekten Kandidaten, der High Performer geht weiter auf seinem Weg an die Spitze, und mir ist ein Treffer ins Schwarze gelungen.

1.4. Jetzt erst recht: Durchstarten zur nächsten Etappe

Ich arbeite unabhängig, ich habe eine klare Außenperspektive, ich spiele ein anderes Spiel als interne Personaler oder »Abteilungsfürsten« und ich habe das Privileg, Systeme verbinden zu können. Das ist allerdings nur die eine Seite der Medaille.

Die andere Seite gilt vielen als Tabu. In meiner Beratungspraxis geht es nicht nur um Karrierestrategie und Platzierung, sondern auch um dunkle Emotionen: Enttäuschung und Kränkung, Erfolgsrausch und Größenwahn, Selbstzweifel und Angst. Diese Emotionen brauchen Raum, sie brauchen Zeit und einen sicheren, absolut diskreten Rahmen. Auch den kann ein unabhängig arbeitender Berater viel sicherer bieten als eine große Outplacement-Firma, wo stressgefleckte Kandidaten mit geröteten Augen im Stundentakt die Beratungssessel wechseln und im Fahrstuhl zufällig genau auf die Ex-Kollegen treffen, die sie in dieser Situation lieber nicht getroffen hätten.

Wer will das erleben? Es ist schon schwer genug, den Job zu verlieren. Sich öffentlich mit »Fusseln« garniert zeigen zu müssen, grenzt ans Unerträgliche.

Coaching durch vier Phasen

Wenn High Performer ihren Job verlieren, ist das für viele ein ähnlich einschneidendes Erlebnis wie der Verlust des Menschen, mit dem sie ihr Leben teilen. Entsprechend verläuft der »Trauerprozess« in vier Phasen:

1. Am Anfang steht der Schock. In dieser Phase sind High Performer noch nicht wirklich handlungsfähig – in dieser Phase kommen sie typischerweise aber auch noch nicht zu mir.
2. Danach folgt die Phase der Verdrängung. »Ich bin ein gesuchter Typ, bald bin ich Vorstand«, glauben viele. Und rufen auch in dieser Phase noch nicht an.
3. Dann dämmert es langsam: Rational wird klar, was passiert ist. Emotional bewegt sich noch nichts. Und das Telefon wird auch noch nicht bemüht.
4. Erst danach kommt die emotionale Akzeptanz, verbunden mit einer echten Talfahrt. Dieses »Tal der Tränen« ist für diejenigen besonders lang, die sich noch nie über einen Plan B oder C Gedanken gemacht haben. Aber auch die haben irgendwann wieder die Energie, neue

Karrierestrategien zu entwickeln. Und sind sogar bereit, sich selbst dafür auf den Prüfstand zu stellen und aus Fehlern zu lernen.[20]

Aus psychologischer Sicht ist es also verständlich, dass High Performer nach einem Jobverlust erst dann zum Handy greifen, wenn sie in Phase vier angekommen sind. Strategisch viel sinnvoller wäre es allerdings, direkt nach der Kündigung anzurufen. Besser noch: *Bevor* der Sturz von der Spitze passiert. Von Spitze zu Spitze nämlich ist der Weg einfach. Nach einem Absturz einen neuen Aufstieg zu schaffen – das ist wesentlich schwerer. Auch für High Performer. Und auch für den persönlichen Berater, der hinter den Kulissen den einen oder anderen Faden zieht.

Das liegt nicht zuletzt an Auflösungsverträgen, die zum Stillschweigen verpflichten. Vor diesem Hintergrund ist es schwer, die Hintergründe eines Karriereknicks aufzuklären und noch schwerer, sie zu kommunizieren. Viele starten ihre nächste Etappe deshalb erst einmal im Ausland. In China zum Beispiel – so praktiziert von Ulrich Schumacher, nachdem er bei Infineon gehen musste, so auch praktiziert vom ehemaligen Thomas-Cook-Chef Stefan Pichler, der erst nach Stationen in Australien, Kuwait und Fiji wieder zurück nach Deutschland kam.[21]

High Performance und Krise gehören zusammen

High Performance ist immer ein Tanz auf der Nadelspitze. Dass es dabei zu Krisen kommt – seien es Konflikte mit dem Umfeld, seien es innere Krisen – das ist geradezu unausweichlich. Alle High Performer, die ich bisher kennenlernen durfte, sind in ihrem Leben auf enorme Schwierigkeiten gestoßen, sie haben diese Schwierigkeiten überwunden und sind genau daran gewachsen. Natürlich sind diese Lernerfahrungen unangenehm. *Growing Pains* sind immer unangenehm. *So what?*

Nur wer permanent zur Reflexion und zur (Selbst-)Kritik bereit ist, wer offen ist für Lernchancen und Veränderungen, wer sich immer wieder neuen, immer größeren Herausforderungen stellt, nur der geht einen Weg an die Spitze. Alles andere ist Stillstand.

20 Wedemeyer, Juliane von: Scheitern im Beruf: Der Sturz ins Bodenlose. In: Süddeutsche Zeitung vom 18.06.2016; http://www.sueddeutsche.de/karriere/scheitern-im-beruf-sturz-ins-bodenlose-1.3036452
21 Vgl. Machatschke, Michael; Mehringer, Martin, a.a.O.

Eine Folge der digitalen Transformation

Abstürze ins Bodenlose können zwar, müssen auf diesem Weg aber nicht zwingend passieren. Und wenn sie passieren, ist das häufig nicht einmal »die Schuld« der High Performer selbst. Die weltweite Wirtschaft arbeitet mit einer geradezu absurd hohen Taktung, irren globalen Transaktionen und einer nicht mehr zu durchdringenden Komplexität. Dies allein wäre schon Karrieresprengstoff genug.

Die Lage wird derzeit verschärft durch globale politische Spannungen und unberechenbare Player, die die Welt mit kryptischer Social-Media-Kommunikation im Stakkato-Stil in Atem halten.

- Politische Kurzschlussreaktionen vernichten Unternehmensstrategien und damit High-Performance-Karrieren.
- Weltweiter Erfolgsdruck verführt zu Aktionen in illegalen Grauzonen, fordert »Bauernopfer« und bringt so High-Performance-Karrieren zu Fall.
- Shitstorms killen Reputation und zerstören High-Performance-Karrieren.
- Terror fordert Menschenleben, zerstört Standorte und macht High-Performance-Karrieren unmöglich.

Die Kombination aus Dynamik und Komplexität hat unterdessen einen eigenen Namen bekommen: »Dynaxität«. Klingt nach Dynamit, und genau der steckt auch darin. »Immer, wenn wir die Komplexität gerade in den Griff bekommen haben, ändert sich das Ganze schon wieder«, sagt Michael Kastner, Professor für Organisationspsychologie und Leiter des Instituts für Arbeitspsychologie und Arbeitsmedizin (IAPAM) in Herdecke. Er berät Manager der ersten und zweiten Führungsebene zu der virulenten Frage, wie mit dem täglichen Druck umzugehen sei. Seine ernüchternde Antwort:

»Mittlerweile ist ein Ausmaß erreicht, für das der Mensch nicht gemacht ist.«[22]

Für den einzelnen High Performer heißt das: Kontrollverlust. Der schlimmstmögliche Stressor überhaupt. Vollständige Kontrolle war zwar schon immer unmöglich, Kontrolle fruchtet jetzt aber noch weniger als je zuvor. Geht nicht! Auch nicht mit dem stärksten Glauben an sich selbst, auch nicht mit dem mächtigsten Willen der Welt. Das ist der Punkt, den populäre Motivationstrainer heute oft nicht verstanden haben. Sie setzen den

---

22 Obmann, Claudia: Ab in den Ashram, Chef! In: Handelsblatt 17. – 19. Februar 2017, Nr. 35, Seite 51

Fokus auf den Einzelnen, predigen noch härtere Arbeit und blenden das System aus. Die Folge: Noch mehr Frust, noch mehr Stress. Lassen Sie das.

Die digitale Transformation setzt unsere Rahmenbedingungen, das ist unsere Realität. Gerade weil es heute jederzeit ganz anders kommen kann als geplant, müssen wir mit anderen Karrierestrategien arbeiten. Dafür brauchen High Performer eine neue Haltung. Mehr inneren Abstand. Mehr innere Freiheit. Dazu mehr im nächsten Kapitel.

Erstes Fazit

Tanz auf der Nadelspitze: Der CEO-Sessel ist ein Lieblingsplatz der High Performer. An der Spitze lässt sich am meisten bewegen, doch ist die Luft hier oben dünn: Fast ein Drittel der Vorstandschefs musste sich 2015 vorzeitig verabschieden. Über Top oder Flop entscheidet längst nicht mehr allein die Leistung, sondern immer mehr die Reputation — ein Faktor, der hoch anfällig ist. Heute kann eine kleine Geste oder ein einziger Tweet das Ende einer großen Karriere bedeuten. Über Top oder Flop entscheidet auch die innere Stabilität eines High Performers: Depression und Burnout bremsen Karrieren genauso aus wie private Affären und „Belästigungsvorwürfe".

Outplacement: Kündigungen auf höchster Ebene sind ein heikles und oft ein schmutziges Geschäft. Um unangenehme Szenen und Gerichtsprozesse zu vermeiden, bieten viele Unternehmen Outplacement-Programme an. Diese sind oft nicht viel mehr als Trostpflaster: Sie führen nicht unbedingt zu einem neuen Job, sie arbeiten mit Lösungen von der Stange und werden oftmals weder der Persönlichkeit noch der Leistungsfähigkeit von High Performern gerecht. Ziel des Outplacements ist allzu oft nicht wirklich ein neuer Weg an die Spitze, sondern die Ruhigstellung gefallener Performer.

Königsmacher: Im Unterschied zu Outplacement-Beratern arbeiten Headhunter unabhängig von den Interessen einzelner Unternehmen. Karriere-Allgemeinwissen setzen sie voraus — schließlich lässt sich das überall nachlesen. Was sie bieten, sind detaillierte Hintergrundinformationen zu spezifischen Firmenkulturen und relevanten Kontaktpersonen. Glattgebügelte Lebensläufe und Anschreiben produzieren sie nicht, stattdessen schärfen sie Profile im Hinblick auf ganz bestimmte Unternehmen und Positionen. Schließlich setzen sie ihre Netzwerke ein, um Kandidaten ganz gezielt mit den Gesprächspartnern in Kontakt zu bringen, die tatsächlich einen neuen Weg an die Spitze ermöglichen können.

Jetzt erst recht: Einen Karriereknick steckt niemand einfach so weg. Doch Rückschläge und Krisen prägen die Biografien der meisten High Performer genauso wie große Schritte in Richtung Erfolg. Gerade in einer Zeit, in der Unternehmen zunehmend konfrontiert sind mit den Auswirkungen globaler politischer Spannungen, mit unberechenbaren Playern, mit Shitstorms und Terror, können High Performer ihren Weg an die Spitze viel weniger planen und umsetzen als jemals zuvor. Höchste Zeit, eine neue Haltung zu entwickeln, die geprägt ist von innerem Abstand und von innerer Freiheit.

II. Wo ist »die Spitze«?

In Konzernen ist schon heute ein Teil der Mitarbeiter nicht mehr in strikte Hierarchien eingebunden. In jungen E-Commerce-Häusern pendeln Performer schon jetzt zwischen Fach- und Führungskarriere und pflegen nebenher ihre eigenen Fangruppen. Hoch angesehene Player nehmen auf dem Höhepunkt ihrer Karriere den Hut, um anderswo nach Erfüllung zu suchen. Die Koordinaten haben sich verändert. »Oben« ist heute für jeden woanders.

2.1 High Performance neu denken

»High« war einmal ausschließlich da, wo »oben« war: Mahagoni-Etage. Jet-Set. Ein »High Performer« war Unternehmer, Geschäftsführer, Vorstand, Aufsichtsrat. Erfolg, das war ausschließlich die Weite der Führungsspanne und der Weisungsbefugnisse, das war die Größe des verantworteten Budgets und Ergebnisses. Erfolg, das waren auch Status und Prestige, die Marke des Firmenwagens, die Platzierung des reservierten Parkplatzes und Größe des Mittagstischs. Erfolg war lange das, was Typen wie der fiktive 1950er-Jahre-Werbestar Don Draper in der Serie »Mad Men« auf der Nadelspitze tanzen ließ, was Bud Fox in »Wall Street« (1987) magisch anzog und was Bobby Walker im Independent-Film »Company Men« (2010) von heute auf morgen durch die Finger rannte. Erfolg sah für meine Generation so aus wie eine Mischung aus amerikanischem Traum und deutschem Wirtschaftswunder. Er hatte viel zu tun mit dem Zugang zu den geheimen Zirkeln der Macht, mit Maßanzügen und schnellen Wagen. Erfolg war das, was viele von uns wollten — und was einige von uns auch erreichten.

Dass große Karrieren niemals im Hinterland starten, sondern immer in den Zentren der Macht, das war drei Jungs aus einer Kleinstadt im Münsterland sehr früh sehr klar. Die Eltern waren Lehrer oder Ingenieure, die Mütter oft zu Hause. Glamour gab es nicht, nirgends. Die ganze Stadt lag unter einer dicken Schicht Spießigkeit begraben. Das Beste, was sich hier erreichen ließ, war gutbürgerliche Mittelmäßigkeit. »Also hoch die Tassen und dann fand ich schnell heraus, die beste Straße unserer Stadt, die führt aus ihr hinaus« – diese Songzeile von Udo Lindenberg lief 1982 im Radio und blieb den Jungs im Ohr. Alle drei verließen die Stadt und gingen ihren Weg: zwei von ihnen wurden Vorstandsvorsitzende in der Automobilindustrie und der dritte erzählt gerade diese Story.

Die Karrierestrategien aus dieser Zeit fokussierten sich auf fiktive »Meister« und »Könige«, blieben gedanklich in den Kategorien des Hofstaats. Karrierebücher wie »Power« von Robert Greene beteten Macchiavelli-Gebote für alle vor, die in den 1980er Jahren zu viel *Dallas* und *Denver Clan* gesehen haben. »Stelle nie den Meister in den Schatten«, »Handle wie ein König, um wie ein König behandelt zu werden«, »Spiele den perfekten Höfling« — klingt erst einmal ziemlich ausgefuchst, doch wenn das je funktioniert hat, ist es lange her.

Diese Strategien laufen heute überall dort ins Leere, wo die Hierarchien flach sind und Old-School-Masterplan-Organisation mit agilem Start-up-Spirit verquickt wird. Das heißt für Industrie-Karrieren: Wo ganze Geschäftsbereiche wegbrechen und wo Chefs weder überall das Sagen haben noch dauerhaft an der Spitze stehen, da greifen auch keine auf die eine Branche und auf den einen Zampano ausgerichteten Karrierepläne mehr.

CEO-Jobs alter Schule sind rar

Weil in den meisten Unternehmen Hierarchieebenen abgebaut wurden, stehen heute insgesamt weniger Top-Rollen auf der Casting-Liste der Unternehmen. Zwar laufen die Geschäfte so gut wie seit Jahren nicht mehr. Laut dem Mittelstandsbarometer 2017 von Ernst & Young ist im Moment mehr als jeder zweite Mittelständler (59 Prozent) uneingeschränkt zufrieden mit der Geschäftslage – das ist der höchste Wert seit dem Jahr 2004, als die Studie erstmals durchgeführt wurde. Es wird noch besser: 38 Prozent erwarten, dass sich die eigene Geschäftslage in den kommenden sechs Monaten verbessert, nur 7 Prozent rechnen mit sinkenden Umsätzen.

Gleichzeitig klagen Mittelständler über Fachkräftemangel: 78 Prozent (!) der befragten Unternehmen gaben Schwierigkeiten bei der Mitarbeitersuche zu Protokoll, das ist erheblich mehr als in den Vorjahren (2016: 69 Prozent; 2015: 67 Prozent).

Gute Zeiten also für Jobwechsel? Auf den ersten Blick: Ja. Sehr gute, sogar. Auf den zweiten Blick: Nun ja. Das gilt nicht unbedingt für High Performer. Besonders gesucht sind derzeit Fachkräfte in der Produktion, im Vertrieb und im IT-Bereich.

Weniger gut sieht es auch für alle aus, die nicht den gängigen Bewerberklischees entsprechen. Ich habe es durchaus häufig erlebt, dass vakante Stellen deshalb nicht besetzt werden konnten, weil Unternehmen ein allzu starres Bild des idealen Kandidaten vor Augen hatten – wenn auch häufig nicht bewusst: Jung sollte er sein, gut gebildet, herausragend motiviert. Dieses Wunschbild führt automatisch zu relativ schlechten Karten für alle Kandidaten jenseits der 40, zu schlechten Karten für Kandidaten um die 50 und zu überhaupt keinen Karten für Kandidaten kurz vor 60.

High-Performance-Jobs *für alle* gibt es im deutschen Mittelstand nicht. Wer etwas erreichen will, muss andere Wege einschlagen. Oder ganz neue Ziele in Betracht ziehen. Die digitale Transformation hat nämlich nicht nur viele Performer aus dem Job gekegelt – sie bietet auch neue Optionen.

Die Digitalisierung bringt neue C-Level-Jobs

Seit den 1990er Jahren wurden dem Chief Executive Officer (CEO) an der Spitze bereits etliche weitere C-Level-Officer zur Seite gestellt: Um das Operating kümmert sich der COO, um's Marketing der CMO, um Technik der CTO. Mancherorts gibt es auch Chef-Scientists mit dem Label CSO, für Ethik und Moral ist der Chief Compliance Officer zuständig, der CCO. In den USA gibt es sogar CHOs, Chief Happiness Officer, die Mitarbeiter glücklich machen sollen.

Relativ neu ist die Position des CDO (Chief Digital Officer): Laut einer Umfrage des Branchenverbands Bitkom aus dem März 2016 war der Chief Digital Officer in Deutschland lange »das unbekannte Wesen«. Vor einem Jahr noch hatte fast kein Unternehmen mit weniger als 500 Mitarbeitern einen CDO, Anfang 2017 gab es 134, bis 2018 wird sich diese Zahl voraussichtlich verdoppeln (weitere Informationen unter www.cdo-kompass.de). Global verläuft die Entwicklung ebenfalls rasant: Vor sechs Jahren gab es weltweit 52 Chief Digital Officer, heute sind es über 2500.[23]

CDOs sind Umkrempler: Es ist ihr Job, Unternehmen »digital« auf Spur zu bringen, und zwar komplett. Von der Produktion bis zum Service und Vertrieb, von der Kommunikation bis zur Innovation. In Unternehmen, die immer schon digital waren, ist das nicht schwer. In der klassischen Industrie aber bläst CDOs typischerweise viel Gegenwind ins Gesicht. Führungskräfte alter Schule — die klassischen Abteilungsfürsten — haben vielerorts wenig Interesse daran, ihre über Jahre erkämpfte Macht der digitalen Transformation zu opfern. Und so verwundert es nicht, dass insbesondere die Automobilindustrie ihre CDOs aus anderen Branchen holt: von Apple zum Beispiel oder von McKinsey. Am liebsten aber direkt aus dem Silicon Valley, wobei hier oft gar nicht genau nach der Performance geschaut wird. Hauptsache, der Kandidat hat seinen Chai Latte am richtigen Ort getrunken.

Auch wenn nicht alle CDOs dem Vorstand angehören, sondern eine Ebene darunter angesiedelt sind: Hier tut sich jetzt und in den kommenden Jahren mit Sicherheit am meisten.

Digital kills the CEO-Star

Wenig dagegen wird sich bei jungen, »digitalen« Unternehmen bewegen. Die suchen nicht nach Hunderten von CEOs. Sie brauchen schlichtweg

---

23 Schäfer, Ulrich: Zieh-die-Oh! In: Süddeutsche Zeitung vom 03.01.2017; www.süddeutsche.de (www.sueddeutsche.de/wirtschaft/das-deutsche-valley-zieh-die-oh-1.3319542)

keine, und das hat mit der Digitalisierung zu tun. In einem Scrum-Projekt zum Beispiel, das ist eine besonders weit verbreitete »agile« Methode in der IT-Entwicklung, gibt es immer noch einen für den Prozess verantwortlichen »Product Owner«. Er hat aber nicht den Job, sein Team zum Ziel zu führen. Das autonome Team führt sich selbst, setzt das Ergebnis in einem kollaborativen Prozess selbst um und trägt dafür auch die Verantwortung. Gleichzeitig nimmt im Hintergrund der »Scrum Master« mit seiner Expertise in Sachen Prozesse und Methoden eine besondere Rolle ein. Doch diese High Performer stehen nicht wirklich an der Spitze, also über den Mitarbeitern. Es sind eher solche, die im Hintergrund die besten Bedingungen für einen Teamerfolg schaffen, die die richtigen Kandidaten suchen, die High Performer weiter entwickeln, die Konflikte lösen. Als »laterale« Leader stehen sie eher am Spielfeldrand. Typ Jogi Löw.

Die Digitalisierung macht also schnelleres, flexibleres, autonomeres Arbeiten notwendig – und eine detaillierte, jedes Detail planende, operativ direkt anleitende Führung durch einen High Performer an der Spitze unnötig. Mehr noch: Unsinnig.

So neu ist die Entwicklung nicht: Schon weit vor der Jahrtausendwende wurde eine Branche nach der anderen, Schritt für Schritt, von der digitalen Revolution erfasst und umgewälzt: Medien, Telekommunikation, Tourismus, Finanzwesen. Schon in den 1970er Jahren hatte sich der heute fast vergessene Systemforscher Frederic Vester über vernetzte Systeme Gedanken gemacht.[24]

Schwarmorganisation

Obwohl die digitale Transformation keine neue Entwicklung ist und das Tragen von Sportschuhen in öffentlichen Ämtern schon seit Joschka Fischers Vereidigung als Hessischer Umweltminister (1985!) nicht unüblich ist, fahren wir heute bis ins Mark zusammen, wenn Daimler-Chef Dieter Zetsche seine Krawatte auszieht, sich die Sneaker bindet und daran macht, einem Giganten der deutschen Industrie mit einer neuen »Schwarmorganisation« Start-up-Feeling einzuhauchen:

> *»Da geht es darum, für bestimmte Themen Mitarbeiter zu verknüpfen, die nicht in strikte Hierarchien eingebunden sind. Sie agieren unabhängig von Abteilungs-*

---

24 Vester, Frederic: Das kybernetische Zeitalter. Frankfurt am Main: Fischer, 1982 (OA: 1974)

grenzen sehr autonom vernetzt, und das ist dann keinesfalls auf einzelne Projekte beschränkt, sondern eine dauerhafte Sache.«[25]

Ein Fünftel aller Daimler-Mitarbeiter sollen in Zukunft so arbeiten. Wo sich Zetsche das abgeschaut hat? Bei Start-ups. Und das ist sein großes Ziel: Die Kompetenz des großen Konzerns mit dem Spirit der kleinen Gründerfirma zu verweben. Also nicht *entweder oder* zu sagen. Sondern *sowohl als auch.*

Schlagkräftig soll der große Konzern bleiben, dabei aber viel schneller und viel schlanker werden. Was die Karriereoptionen für High Performer deutlich verändert.

Jenseits von Fach- oder Führungskarriere

Heute ist es in vielen Unternehmen noch so, dass ein Wechsel aus der Managementlaufbahn in ein Projektteam verstanden wird als ein »Schritt zurück«. Ein Schritt nach unten auf der Karriereleiter. »Low« statt »high«. Rollenwechsel ist auch heute noch vielerorts unvorstellbar.

Karriere aber wird in Zukunft zunehmend agil, sie verläuft nicht mehr zwingend linear. Wer in einer agilen Organisation die Spitze erreichen will, muss sich — und das ist radikal anders als früher — also nicht für eine Führungskarriere anstelle einer Fachkarriere entscheiden. Je nachdem, was ein Kandidat kann und was die Organisation gerade braucht, arbeitet er eben einmal hier und einmal dort. Stefan Sack schreibt im Capgemini IT-Blog:

> *»Genauso wie das Backlog eines Projektes nach geschäftlicher Priorität sortiert wird, erfolgt auch der Personaleinsatz an der Stelle, der im dynamischen Umfeld der Organisation den Wertbeitrag des Einzelnen zum Gesamterfolg maximiert.«*[26]

Klingt zeitgemäß, stößt in vielen Unternehmen aber auf Ablehnung. Und das hat handfeste Gründe: Führungskräfte werden besser bezahlt als Fachkräfte. Das ist der Grund, warum High Performer nach Führungspositionen streben. Für die Unternehmen hat diese Richtung allerdings einen Haken: Im ungünstigen Fall verlieren sie ihre hoch effizienten und bestens qualifizierten Fachkräfte und gewinnen mittelmäßige Führungskräfte. Umsatz und Gewinn erzielt ein Unternehmen aber mit Produkten und Services, nicht mit Führung.

25 Schmiechen, Frank: Bei Daimler wird bald wie in einem Start-up gearbeitet. In: Gründerszene.de vom 08.09.2016
26 Sack, Stefan: Stoftware Development 4.0 — Agile: Was bedeutet Karriere in einer agilen Organisation? In: Capgemini IT-Trends-Blog vom 11.12.2015. (www.de.capgemini. com/blog/it-trends-blog/2015/12/software-development-40-agile)

»Radical Agility«

Agile Organisationen sind typischerweise so schlank, dass sie ohnehin mit einem Minimum an Führungspositionen auskommen oder Führung gleich komplett neu erfinden — samt der passenden Begrifflichkeiten: Das Konzept »Radical Agility« klingt nach Buzzword im Turbogang, es steckt aber wohl mehr dahinter als heiße Luft. Hinter dem Konzept steht Eric Bowman, Vice President Engineering bei der Modeplattform Zalando. Er hat Hierarchien abgebaut, die Teams interdisziplinär bestückt, jedem Mitarbeiter mehr Autonomie gegeben und jeder Einheit zwei Chefs zugeordnet:

> *»Einen Delivery Lead, der für die konkreten Aufgaben zuständig ist, und einen People Lead, der sich um die Belange der Mitarbeiter kümmert.«*[27]

Mitarbeiter und Teams entscheiden jetzt selbst, was genau und mit welchen Werkzeugen oder Programmiersprachen sie arbeiten wollen. Damit will Bowman Entwicklungsprozesse beschleunigen, und, mindestens so wichtig: Mitarbeiter motivieren und bei der Stange halten. Denn in Berlin, wo 800 Programmierer für Zalando im Einsatz sind, werden gute Leute gerne mal abgeworben.

Offenbar hat das Konzept Erfolg: Laut Bowman haben sich die Bewerberzahlen für IT-Jobs seit der Einführung von Radical Agility verdreifacht; die Zahl der Mitarbeiter, die Zalando verlassen haben, ist um ein Drittel gesunken. Mehr noch: »Viele derjenigen, die vor ein oder zwei Jahren woanders hingegangen sind, sind wiedergekommen.«

»Holacracy«

Auch die Idee der »Holacracy« kommt von einem Software-Experten: Brian Robertson. Er erfand eine Organisationsform auf der Basis von »Holons«. Das sind autonome Einheiten aus Mitarbeitern, die je nach Bedarf mit anderen Einheiten kooperieren — das Ergebnis ist eine »Holacracy«. Es gibt keine Hierarchie, aber ein gemeinsames Regelwerk. Mitarbeiter regeln Konflikte und den Fortschritt der Arbeit selbst. Laut Wirtschaftswoche arbeiten weltweit 50 Organisationen nach diesem Prinzip.[28]

27 Koch, Christoph: Schneller! In: brand eins, Ausgabe 06/2016 (www.brandeins.de/archiv/2016/einfach-machen/agiles-management-schneller/)
28 Weißenborn, Christine: Wenn Mitarbeiter gleichzeitig Chefs sind. In: Wirtschaftswoche vom 9. Oktober 2016 (www.wiwo.de/erfolg/vordenker-spezial/methoden-der-zusammenarbeit-wenn-mitarbeiter-gleichzeitig-chefs-sind/14616678.html)

Ausgerechnet der Schuh-Onlinehändler Zappos, der als Vorbild von Zalando gilt, sah sich bei der Einführung dieser Struktur mit großen Problemen konfrontiert. Bereits 2013 hatte Zappos Chef Tony Hsieh den Hebel umgelegt. Als sich 2015 immer noch viele Mitarbeiter gegen das neue Arbeitsmodell sträubten, stellte er ein Ultimatum: Er räumte ein Sonderkündigungsrecht ein und stellte eine dreimonatige Abfindung in Aussicht. 210 Mitarbeiter nahmen das Angebot an − und noch immer gilt die Belegschaft als gespalten.[29]

Demokratisch gewählte Führung

Haufe Umantis ist in Führung gegangen mit der Idee, dass Führungskräfte von den Mitarbeitern der Basis gewählt und auch wieder abgewählt werden können. Und nicht nur das: Die Teams entscheiden auch selbst, wer was verdient.

CEO ist im Moment Marc Stoffel. Er wurde 2013 gewählt und auch schon wieder gewählt. Ihm zufolge führt das Wahlmodell dazu, »genauer zu kontrollieren, was der auf Zeit Bestimmte in seinem Amt leisten will − und was er dann hinbekommt.«[30] Das führt Stoffel zufolge zu einem neuen Typ Karriere: Jetzt geht es nicht mehr darum, »einen Führungsposten zu erklimmen und ihn mit Messern und Klauen zu verteidigen«, sondern darum, sich um das Geschäft zu kümmern. Das klingt so, als ob es High Performern wie Marc Stoffel tatsächlich um die Sache gehe und nicht nur um die Position. Nicht um Status. Sein Habitus ist nicht mehr der des großen, lauten, mächtigen Kapitäns auf der Brücke. Sondern der des stillen und sympathischen Klassensprechers.

29 Oberndorfer, Elisabeth: Von der Happiness-Maschine zum führungslosen Chaos: So vergrault der Zappos-Chef seine Mitarbeiter. In: t3n.de vom 20.05.2015 (t3n.de/news/zappos-management-holacracy-611218/)
30 Hagelüken, Alexander: Neue Ideen gegen starre Hierarchien. In: Süddeutsche Zeitung vom 25.10.2016; www.süddeutsche.de (www.sueddeutsche.de/karriere/neue-arbeitsformen-der-erleuchtete-mitarbeiter-1.3215840)

2.2 Die Haltung macht den Unterschied

Durch Beobachtungen wie diese lässt sich mancher Zeitdiagnostiker dazu hinreißen, gleich eine neue Ära auszurufen. Gerne auch eine neue Generation. So zum Beispiel das Zukunftsinstitut:

> »*Führungskräfte müssen sich auf eine veränderte Interpretation des Karrierebegriffs durch die Generation Y einstellen. Wir-Werte (Partnerschaft, eigene Familie, Freunde) und solche, die auf die Entfaltung der eigenen Persönlichkeit abzielen, stehen höher im Kurs als beruflicher Erfolg im klassischen Sinne.*«[31]

Laut Zukunftsinstitut wollen junge Performer kreativ sein, eigene Ideen verwirklichen, mitgestalten. Dies habe für junge Frauen (72 Prozent) wie Männer (69 Prozent) eine höhere Relevanz als das Erklimmen einer Karriereleiter. »Maximaler Ego-Erfolg«, Status und Prestige, darum gehe es nicht mehr. Die Generation Y strebe auch nicht mehr danach, sich von der Masse zu unterscheiden. Sie suchten vielmehr nach einem neuen, großen »Wir«. Getrieben seien sie überdies von dem Wunsch, »die Welt ein wenig besser zu machen« (64 Prozent).

Zwischen »Trumpeltieren« und Gentleman

Wer die große Zeitenwende ausruft und dabei über ein ausreichendes Maß an Prominenz verfügt, kann relativ sicher sein, am nächsten Tag in der Zeitung zu stehen. Die Publikation allein macht derartige Diagnosen aber nicht zutreffender.

Tatsächlich gibt es die »Generation Y« als homogene Generation nicht, es handelt sich um ein medial gut vermarktbares Konstrukt. Völlig frei erfunden ist es indes nicht, tatsächlich lassen sich Werteverschiebungen zwischen bestimmten Alterskohorten feststellen. Aber nur regional: Ypsiloner, so wie wir sie uns vorstellen, gibt es weder in Südeuropa, noch in Osteuropa, es gibt sie nicht in China und Russland und auch nicht im Silicon Valley.

Als Gegenstück zum »herzensguten Ypsiloner« macht aktuell der »neue Gentleman« Karriere in den Medien — sicherlich eine Gegenreaktion zum Vulgär-Stil der 2016 gewählten US-amerikanischen Regierung. Sogleich wird eine Studie bemüht, die beweisen will: Die allerbesten Führungskräfte

---

31 Zukunftsinsitut/Signium International: Generation Y. Das Selbstverständnis der Manager von morgen. Frankfurt am Main/Düsseldorf 2013, Seite 15

überhaupt, die Crème de la Crème — das seien unprätentiöse, humorvolle Führungskräfte. Das seien Gentlemen!

Dass die *toxische Führungskraft* durchweg schlechtere Ergebnisse erzielt als der Gentleman-Manager, zu diesem überraschenden Ergebnis kommt die Studie »Inside the Mind of the Chief Executive Officer«. Russell Reynolds Associates hat dazu 900 Profile von Managern der obersten Führungsebene verglichen mit 6.000 Profilen der zweiten und dritten Ebene.

Und siehe da: Mut, Belastbarkeit, starker Eigenantrieb und Kommunikationsfähigkeit — das ist das, was alle CEOs haben, und was Manager der zweiten und dritten Ebene typischerweise *nicht* so ausgeprägt haben. Dachten wir uns schon. Doch jetzt kommt's: Die ganz besonders erfolgreichen Unternehmenschefs — in dieser Studie also solche, die ein jährliches Umsatzwachstum von mehr als 5 Prozent erreichen — die sind noch einmal anders. Die haben mehr Leidenschaft, mehr Fokus, die sind analytischer, empathischer. Die sind

- weniger prätentiös,
- weniger arrogant und haben
- mehr Humor.

Die Studie lässt hoffen auf eine neue Generation von offenen und entspannten, überaus menschenfreundlichen Top-Führungskräften. Auf Managertypen, die Karriere nicht mehr als einsamen Kampf in eisigen Höhen sehen und die auch ihre Mitarbeiter nicht mehr einfach deshalb leiden lassen, weil sie die Macht dazu haben.

Schön wär's.

Tatsächlich ist die Lage komplexer. Wir erleben eine Polarisierung: Es mag sie ja geben, die Gentlemen mit »stiller Größe«. Aber nicht unbedingt unter den Gründern im Silicon Valley und auch nicht unter den russischen Oligarchen.

Tobias Haberl beschrieb den aktuellen Alte-Welt-neue-Welt-Bruch kürzlich treffend im SZ-Magazin:

> *»Längst klafft ein tiefer Graben zwischen einem diszipliniert-moralistisch auftretenden Bürgertum westlicher Großstädte und der exzessiven Vulgarität neureicher Aufsteigergesellschaften in Russland, China, dem Nahen Osten und*

neuerdings in Washington, in denen Luxus nur noch geschmacklos zur Schau gestellt wird.«[32]

Und trotz aller Begeisterung für die digitale Transformation fällt langsam auf, dass die gefeierten High Performer aus den US-amerikanischen Gründertälern eiskalte Durchbeißer sind. Unternehmen wie Amazon, Apple, Google oder Uber geben sich zwar den Nimbus der Weltverbesserer, verblüffen aber zugleich mit einer totalen Ignoranz der Interessen Dritter.

»Die rücksichtslose Konzentration auf das eigene Produkt wirkt geradezu messianisch«[33],

formuliert Klaus Werle im Manager Magazin. Tatsächlich seien Jeff Bezos (Amazon), Travis Kalanick (Uber), Tim Cook (Apple) oder Sergej Brin (Google) aber Egomanen. Statt Gurus. Seit die renommierte »Harvard Business Review« für das jährliche Ranking »Best-Performing CEO in the World« die Regler verschoben hat — jetzt zählen auch das Engagement für Umwelt, Soziales und Governance —, ist Jeff Bezos von Platz 1 auf Platz 87 gestürzt. Disruption kann er, Verantwortung kann er nicht.

Diese Haltung sei nun bei jungen High Performern auch hierzulande angekommen, stellte jüngst Markus Pohlmann fest, Soziologe an der Universität Heidelberg. Während ältere Generationen die Unternehmen noch als »sozialen Verbund« sehen, nehmen jüngere nur einen »Wettbewerbsraum« wahr. Moralisches Handeln diene nur noch zur Vermeidung von Reputationsschäden.

»Moral als Funktion des Wirtschaftens hat ausgedient«,

so Pohlmann, der im gleichen Atemzug wiederum eine »regelrechte Zeitenwende« postuliert.

Das Spannungsfeld lässt sich aber weder zur guten noch zur dunklen Seite der Macht hin auflösen. Die einen schlagen über die Stränge (um die Wortkombination »saufen und huren« zu vermeiden) und wirtschaften sich in die eigene Tasche. Die anderen entschuldigen sich für ihre Brioni-Krawatte, trainieren morgens um 5 Uhr Marathon, knabbern zum Abendbrot Selleriesticks mit Dinkelstange und spielen mit den Mitarbeitern Basketball auf dem Firmenparkplatz. Beide können lange erfolgreich sein, beide können plötzlich abstürzen.

32 Haberl, Tobias: Der große Kater. In: Süddeutsche Zeitung vom 07.02.2017; www.süddeutsche.de (www.sueddeutsche.de/leben/leben-ohne-glamour-der-grosse-kater-1.3358145)
33 Werle, Klaus: Egomanen statt Gurus. In: Manager Magazin 2/2017, Seiten 85 bis 88, hier Seite 86

High Performance geht über die ganze Bandbreite. Von halbseiden-glamourös bis vernunftgesteuert-gutbürgerlich. Haberl beschreibt das so:

>*Glamouröse Gestalten waren eben oft auch halbkriminelle Gestalten: Von Franz Josef Strauß über Thomas Middelhoff bis zu Dominique Strauss-Kahn sind sie tot, im Gefängnis oder in der Versenkung verschwunden. Angela Merkel und Jogi Löw, Jörg Pilawa und Volker Kauder sind noch da. In ihrer unaufgeregten Beständigkeit ähneln sie den Funktionsjacken des aufgeklärten Bürgertums.*«[34]

Sie sind wetterfest und langlebig. Kein Vergleich mit den empfindlichen Produkten der Glamour-Welt.

High Performing Männertypen

Die unterschiedlichen Haltungen der High Performer bringen ganz unterschiedliche Männer- und Frauentypen hervor, die es in dieser extremen Bandbreite zur Zeit der Deutschland AG vielleicht noch nicht gegeben hat.

In den höheren Semestern einerseits eine ungebügelte Old-School-Vulgarität mit schlecht sitzenden Anzügen und haarsträubenden Frisuren — auf der anderen Seite eine Forever-Young-Vitalität mit Sneakern, Pullis und idealem Marathon-Wettkampfgewicht. Bei den jüngeren Performern einerseits gleichförmige Anzugträger mit Gelfrisur, anderseits Hipster auf der Suche nach einer neuen Authentizität, die sich paradoxerweise zu einer Ausstattung mit identischen T-Shirts, identischen Vollbärten und identischen Brillengestellen entscheiden. Der high performing Macho, den es in den 1950ern und sogar noch in den 1980ern gegeben hat, der ist im Laufe der Zeit irgendwo unter die Räder der political correctness gekommen.

Warum dieser Ausflug zu Moral und Lifestyle? Weil sich genau hier entscheidet, wie ein High Performer an die Spitze kommt, wie lange er sich dort halten kann, warum er abstürzt und wieso er als Machotyp in bestimmten Unternehmen keinen Job bekommt, und zwar auch dann nicht, wenn er als Überflieger einschwebt.

Exzessive Askese

High Peformer haben die Wahl: Sie können den Glamour-Weg wählen mitsamt dem Risikofaktor der Selbstzerstörung. Wie einst James Dean, wie der fiktive Don Draper: »Etliche Mythen des 20. Jahrhunderts haben sich

---

34 Haberl, Tobias, a.a.O.

zu Grunde gerichtet, gerast, gesoffen, nicht weil sie das Leben verachtet hätten, sondern weil sie es in gesteigerter Form spüren wollten«,[35] schreibt Haberl.

Heute ist es ebenso möglich, sich als High Performer mit exzessiver Askese zugrunde zu richten: Herzinfarkt beim Lauftraining, Depression durch vegane Mangelernährung, Burnout dank allzu hoher Arbeitsdisziplin.

Die erste Option ist retro (aber immer noch attraktiv), die zweite Option entspricht dem Zeitgeist, beides führt mit hoher Wahrscheinlichkeit nicht an die Spitze. Denn High Performance geht anders.

Ein dritter Weg: Innere Unabhängigkeit

Wirklich große Karrieren gelingen vor allem den High Performern, die inneren Abstand halten können: Abstand zu kurzfristigen Aufreger-Trends, Abstand von ungebetenen Bewertungen wie Likes und Shitstorms, Abstand von Zuschreibungen Dritter und sogar Abstand von gängigen Kulturmustern — von typischen Karrierewegen bis zu zeitgeistigen Karriere-typen. Es ist harte Arbeit und erfordert enorme innere Stärke, den eigenen Weg immer weiter zu gehen, auch wenn es phasenweise kaum oder gar keine Unterstützung von außen gibt.

Der Fotograf Peter Badge ist viele Jahre lang um die Welt gereist, um Nobel-preisträger zu treffen. Als er gefragt wurde, wodurch sich diese besonderen Menschen auszeichnen, antwortete er:

»*Stille Größe.*«[36]

Wer den Nobelpreis gewonnen hat, der muss niemandem mehr irgend-etwas beweisen. Sich selbst nicht und anderen nicht. Der hat es weder nötig, einen Taxifahrer zusammenzubrüllen, noch wird er einem hoch-karätigen CEO nach dem Mund reden. Er kann zuhören und Fragen stellen. Vor allem aber ist er »unkompliziert«.[37] Nicht deshalb, weil ihm das so in die Wiege gelegt worden ist, sondern weil er hart an sich selbst gearbeitet hat. An seiner Haltung: Innere Unabhängigkeit. Dass mit dem Nobelpreis eine gewisse finanzielle Unabhängigkeit einhergeht und dass diese der

35 Haberl, Tobias, a.a.O.
36 Zit. nach Assig/Echter, a.a.O., Seite 181
37 Echter/Assig, a.a.O., Seite 244

inneren Unabhängigkeit durchaus zuträglich ist, soll an dieser Stelle nicht verhehlt werden.

Motivation: Alles, nur kein Mythos

Die innere Haltung macht den Unterschied. Doch was ist mit dem Thema Motivation? Motivation unterscheidet auch heute noch den High Performer vom Otto Normalmitarbeiter. Nur haben sich die Motive hinter der Motivation entscheidend verändert.

Um genau zu verstehen, was da in allerjüngster Zeit passiert ist, werfen wir einen Blick auf zwei Motivationskonzepte aus den Jahren 2012 und 2013, die meiner Einschätzung nach dem gleichen Denkfehler aufsitzen:

- »Ambition« aus dem Hause des Beraterinnenduos Dorothea Assig/Dorothee Echter (Campus 2012) und die
- »Authentische Karriereplanung« von Barbara Haag (Springer Gabler 2013)

Beides sind Karriereratgeber aus eher kleinen, unbekannten Beratungsboutiquen. Beide bringen tatsächlich interessante Anhaltspunkte zu der Frage »wie große Karrieren gelingen« (so der Untertitel von Assig/Echter). Allerdings suchen auch beide den Antreiber irgendwo in den geheimnisvollen Tiefen des High Performers selbst, während sie das Umfeld weitgehend außer Acht lassen: Den historischen Moment, in dem eine Karriere gelingt, mit allen politischen, sozialen, technologischen Implikationen. Motivation aber gibt es nicht per se. Motivation ist immer auch ein Produkt ihrer Zeit und ihrer Umstände.

Motivatoren alter Schule

Die Autorin und Beraterin Barbara Haag hat grundlegende Theorien aus der Motivationspsychologie ausgewertet und zahlreiche historische und aktuelle Biografien von High Performern. Daraus leitet sie fünf Karrieremotive ab: Leistung, Freundschaft, Autonomie, Wettbewerb und Vision.

Fünf Karrieremotive

Das mag dem einen oder anderen High Performer ein klareres Bild der eigenen Antriebsfeder liefern — das Problem aber ist: Welchen Weg geht nun ein wettbewerbsorientierter Kandidat, wenn es für sein persönliches

Karrieremotiv in der Wirtschaft nicht mehr die Verwendung gibt, die er sich vorgestellt hat? Florian Heinemann, Mitgründer und Geschäftsführer von Project A, bringt die Veränderung auf den Punkt:

> *Die digitale Welt funktioniert generell bottom-up und nicht mehr durch Marsch-befehle, die aus der Führungsebene nach unten gereicht werden«, sagt Heinemann. »Zusätzlich gilt: Das neue Richtig ist das Weniger-Falsch.«*[38]

Karriere in einer agilen Organisation ist für diese Art der High Performer besonders herausfordernd: In selbst gesteuerten, interdisziplinären Teams können sie sich zwar persönlich und fachlich ausgesprochen gut weiter-entwickeln. Allein: Das treibt sie nicht an. Und, so schreibt Stefan Sack für Capgemini:

> *»Auf die Ziele einer Steigerung des persönlichen Status oder des Gehalts haben die agilen Modelle wenig Antworten.«*[39]

Und was ist mit den Kandidaten, die keines der genannten Motive für sich überzeugend finden, sondern mit ihrem Job einfach nach New York wollen? Oder diejenigen, die auf einen Branchenwechsel schlicht und ergreifend neugierig sind? Oder Lust haben auf Start-up-Kultur? Diese Fälle kommen bei Haag nicht vor, sie liegen außerhalb ihrer Perspektive.

Ambition als wichtigster Antreiber?

Dass Erfolg kein Ziel an sich ist und keine konkrete Orientierung bietet — diese Beobachtung von Dorothea Assig und Dorothee Echter kann ich bestä-tigen. Die Beraterinnen sind überzeugt davon, dass Menschen mit großen Karrieren »Großes in die Welt bringen« wollen. »Ihr Antrieb ist nicht, sich selbst zu inszenieren, sondern etwas zu zeigen, das größer ist als sie selbst.«[40] Was ist das? Assig/Echter stellen sich darunter ein inneres Anliegen als Leit-motiv vor, ein ganz bestimmtes Lebensthema.

> *»Am Anfang steht eine Begeisterung, eine große Frage, ein leidenschaftlicher Wunsch, eine Passion, ein Lieblingsfach, ein traumatisches Erlebnis, eine Faszina-tion, ein Hobby oder eine große Empörung.«*[41]

---

38 Koch, Christoph, a.a.O.
39 Sack, Stefan, a.a.O.
40 Assig/Echter, a.a.O., Seite 232
41 Assig/Echter, a.a.O., Seite 10

Das klingt nach einem Konzept aus dem alten Rom, auch wenn Assig/ Echter nicht explizit darauf verweisen. Vor gut 2.000 Jahren glaubten die Römer, jeder Mensch komme zusammen mit einem *Genius* zur Welt. Dieser Genius stand für die dem Menschen innewohnende Kraft. Der römischen Vorstellung nach war demjenigen Glück und Erfolg sicher, der im Laufe seines Lebens auf seinen Genius hörte.

Die Vorstellung der Autorinnen, dass Ambition einen Menschen »wie ein autonomer Wille« von innen in eine bestimmte Richtung treibt«[42], kommt dem Genius-Konzept doch recht nahe. Ebenso die Annahme, Ambition brauche »Aufmerksamkeit, Nahrung und Richtung«.[43]

Das Genius-Konzept ist also der Ausgangspunkt. Im nächsten Schritt denken Assig/Echter eine Mission dazu: Ihnen zufolge richtet sich die Ambition eines Menschen »darauf, mit der eigenen Gabe, dem eigenen Können und dem eigenen Stil die Welt zu verbessern.«[44] Dazu setzen sie eine Portion Gutes in eigener Sache, nämlich »die höchste Anerkennung durch die eigene Community, persönliche Erfüllung und Wohlstand.«[45] Die Verbindung zwischen »Gutes für andere tun« und »eigenen Wohlstand ernten« hat etwas von protestantischer Ethik an sich, aber darum geht es mir an dieser Stelle nicht und die Autorinnen darauf zu reduzieren, würde ihnen auch nicht gerecht.

Was wirklich antreibt

Interessant an dieser Stelle ist die Wirkmächtigkeit alter Kulturmuster und überkommener Idealvorstellungen. Solche Muster mögen zwar bei den von Assig/Echter und Haag analysierten Karrieren eine Rolle gespielt haben. Die Motivationen der High Performer, mit denen ich in meiner Beratungspraxis zusammenarbeite, speisen sich häufig aus ganz anderen Quellen.

Die Attraktion der Community

Viele, vielleicht die meisten High Performer treibt die Suche nach Zugehörigkeit zu Menschen mit einem anderen *mindset* und einem anderen Lebensstil als dem ihrer Herkunft. Dass derartige Communities überhaupt existieren, wird oft medial erfahren, über Bücher, Songs, Filme. Eine Sogwirkung entwickeln diese Communities typischerweise deshalb, weil sich der Kandidat in seinem aktuellen Umfeld nicht kongruent fühlt. Dafür gibt es viele Ursachen: In etli-

---

42 Assig/Echter, a.a.O., Seite 43
43 Assig/Echter, a.a.O., Seite 23
44 Assig/Echter, a.a.O., Seite 44
45 Assig/Echter, a.a.O., Seite 19

chen Fällen haben Kandidaten einen ungewöhnlich hohen IQ. Damit verbunden eine große Neugierde darauf, wie es hinter dem Horizont weiter geht und überdies die Erfahrung, die eigenen PS im vertrauen Umfeld nicht auf die Straße bringen zu können. Der Schlüssel zur High-Performance-Karriere liegt in diesen Fällen nicht im Individuum, sondern eine Ebene darüber: im Sozialen.

Was das für High Performer heißt? Der Weg an die Spitze muss nicht zwingend ein Weg nach »oben« sein. Zu mehr Kongruenz mit sich selbst führt bereits die Zugehörigkeit zur richtigen Community. Dabei kommt es auf die Anerkennung durch diese Community an und nicht auf das, was auf der Visitenkarte steht. Erfolg bedeutet also nicht zwingend das Erreichen des C-Levels. Andere Wege und Positionen sind ebenso möglich: Externe Projektmanager oder Fachexperten genießen ein hohes Ansehen, auch als externer Berater ist eine hohe Reputation möglich. All diese Positionen können für High Performer »die Spitze« sein.

Die Kunst der Serendipity

Die folgende Idee ist mit unserem westlichen, immer noch von der Industrialisierung geprägten Denken schlecht vereinbar: Planen, umsetzen, Erfolg messen. So haben wir es gelernt. Deshalb fällt vielen nicht auf, dass High-Performance-Karrieren oft nach einem völlig anderen Muster ablaufen: Etliche High Performer verfügen über die Aufmerksamkeit, Offenheit und innere Flexibilität, im richtigen Augenblick die richtige Chance zu sehen sowie den Mut und die Risikobereitschaft, diese Chance auch zu ergreifen. Das ist mit »serendipity« gemeint, die deutsche Übersetzung heißt simpel Serendipität. Sie steht dafür,

> *»Wichtiges zu finden, das man gerade nicht suchte.«*

Einfacher gesagt ist es so, »als würde man in einen Heuhaufen springen, um die berühmte Nadel zu finden, und mit der Tochter (oder dem Sohn) des Bauern herauskriechen.«[46]

Das ist der Grund dafür, dass es erfolgreiche Gründer nicht permanent gibt, sondern gehäuft in bestimmten historischen Situationen: Unter den 75 reichsten Menschen aller Zeiten sind 14 Amerikaner, die alle im frühen 19. Jahrhundert geboren wurden, darunter John D. Rockefeller (1839), Andrew Carnegie (1835), J.P. Morgan (1837) und George Pullman (1931). Das ist kein

---

46 Ayan, Steve: Eine Formel für Glückspilze. In: Gehirn & Geist, 11/2016, Seiten 12 bis 17, hier Seite 13

Zufall, das hat auch nicht unbedingt etwas mit einem Leitmotiv oder Lebensthema zu tun, das ist die Gunst der Stunde. Der Soziologe C. Wright Mills bringt es auf den Punkt: »Der beste Zeitpunkt in der Geschichte der Vereinigten Staaten, zu dem ein armer Junge mit großem unternehmerischen Ehrgeiz geboren werden konnte, war um das Jahr 1835.«[47]

Der Schlüssel zur großen Karriere liegt also auch in diesen Fällen nicht nur im High Performer selbst verborgen, sondern in der historischen Situation an einem bestimmten Ort.

Was heißt das für Sie? Als High Performer sind Sie prädestiniert für den Weg an die Spitze. Wenn Sie im Moment auf viele Widerstände stoßen, ist das Problem nicht zwingend Ihre Ambition und auch nicht Ihre Motivation! Es kann auch die Wirtschaftskrise sein, die digitale Transformation oder der Terror. Umso wichtiger ist es, in derartig schwierigen Rahmenbedingungen die Augen offenzuhalten, um auch kleinste Hinweise auf neue Wege zu registrieren. Serendipity-Experten zufolge sind die Hinweise »in der Regel eher unspektakulär, eine beiläufige Beobachtung oder eine kleine Anomalie, auf die die so genannte Inkubation folgt«.[48] Während dieser Phase wird der kleine Hinweis oft unbewusst weiter verarbeitet, bis er sich schließlich — manchmal über Nacht oder in einem ganz unerwarteten Augenblick — zurückmeldet. Als jähe Erkenntnis, wie der Weg zur Spitze jetzt weiter laufen könnte.

Genau das ist der Grund, warum es für ungewöhnliche Karrieren keine gewöhnlichen Strategien geben kann. Im Einzelfall kommt es immer anders als von langer Hand geplant.

Das Spiel nach eigenen Regeln

High Performer spielen nach ihren eigenen Regeln. Und das heißt auch: Sie beenden das Spiel nach ihren eigenen Regeln. Und das heute offenbar mit viel leichterer Hand als noch zur Zeit der Deutschland AG. So überraschte Sigmar Gabriel mit der Übergabe der Kanzlerkandidatur an Martin Schulz. Wolfgang Bernhard gab seinen Vorstandsposten bei Daimler zurück, Rüdiger Grube verabschiedete sich von der Deutschen Bahn. Aus der Riege der jungen Leute erstaunten Philipp Lahm, der mit Anfang 30 seine Fußballkarriere an den Nagel hängte und Nico Rosberg, der sich gegen die Formel 1 und für seine junge Familie entschieden hat.

47 Zit. nach Gladwell, Malcolm: Überflieger. Warum manche Menschen erfolgreich sind — und andere nicht. München: Piper 2012, Seite 58
48 Ayan, Steve, a.a.O., Seite 14

Entscheidungen wie diese zeigen ganz deutlich, dass es im Leben von High Performern nicht nur das eine Motiv oder nicht nur das eine, innere Anliegen gibt. Die Motivation kann sich ändern auf dem Weg an die Spitze oder dann, wenn sie an der Spitze angekommen sind. Das Lebensmodell kann permanent neu geschrieben werden. Reinhard Sprenger, Führungsexperte und der Spezialist zum Thema Motivation schlechthin, erklärt den Wandel so:

>*Wir leben in einer hoch individualisierten Gesellschaft, in der immer mehr Menschen das eigene Lebensmodell wichtiger erscheint als lebenslang einer überholten Norm von Erfolg nachzurennen.*«[49]

Was High Performance ist, definiert also jeder für sich selbst. Und in jeder Lebensphase wieder neu. Der Wechsel vom C-Level hinein in die Rolle des Aufsichtsrats, Sponsors, Mäzens oder Business Angels gelingt natürlich umso leichter, je früher die finanzielle Unabhängigkeit erreicht ist. Das Autorenteam Gauto/Rickens erklärt im Handelsblatt:

>*So gesehen lassen sich die frühen Ausstiege der vergangenen Wochen als Indiz einer geistig gereiften Elite interpretieren, die ihren Lebenssinn nicht mehr allein auf den Beruf stützt – und sich den vorzeitigen Karriereexit oft leisten kann, weil die Verdienste zumindest bei Managern und Spitzensportlern deutlich zugelegt haben.*«

Für Berater ist diese Entwicklung aus zwei Gründen interessant: Erstens ist es offenbar nicht mehr so, dass High Performer zwangsweise neue Positionen annehmen, weil der neue Job ihrer Kragenweite entspricht und es damit der logische nächste Schritt auf der Karriereleiter wäre. Nein, die Option »Ausstieg« sitzt mit am Verhandlungstisch.

Und zweitens ist dem Lust-Faktor eine nie dagewesene Relevanz zugekommen. Die Pflichtethik eines Immanuel Kant gerät in Vergessenheit und wird ersetzt durch ein neues Spaßdiktat.

>*Gehen, sobald es keinen Spaß mehr macht und bevor man gegangen wird: Für Generationen von Sportlern und Politikern, vor allem aber von Topmanagern war das lange undenkbar.*«[50]

---

49 Zit. nach Gauto, Anna; Rickens, Christian: Richtig aussteigen. In: Handelsblatt vom 24./25./26. Februar 2017, Seiten 60 bis 61 (www.wiwo.de/karriereende-richtig-aussteigen/19443814.html)
50 Gauto/Rickens, a.a.O.

Positiv ausgedrückt: Ausschlaggebend auf dem Weg zur Spitze ist heute nicht mehr die Vorstellung eines »geradlinigen Lebenslaufs«, sondern eine ganz neue, innere Freiheit. In der aktuellen Philosophie wird sie »radikale Freiheit« genannt.

Die Entscheidung zur radikalen Freiheit

Radikale Freiheit bezieht sich nicht nur auf Entscheidungen zum eigenen Lebensweg, sondern auf das Ja zu einer liberalen, offenen Gesellschaft, in der möglichst viele Lebenswege möglich sind. Die Philosophin Rebekka Reinhard hat ein flammendes Plädoyer für diese Art der Freiheit geschrieben.

> *»Radikale Freiheit wurzelt (…) nicht allein in der Vernünftigkeit des Menschen (…). Vielmehr besteht sie in dem, was ein Mensch aus seiner jeweiligen Lage macht. Ihr Ziel ist das gelingende Leben.«*[51]

Die Verantwortung für dieses gelingende Leben liegt nicht beim Arbeitgeber, nicht beim Outplacement-Berater, nicht beim Headhunter und auch nicht bei der eigenen Familie. Sie liegt einzig und allein beim High Performer selbst. »Erst wenn er tatsächlich freiwillig und konsequent Verantwortung übernimmt, ist er radikal frei.«[52]

Und jetzt kommt ein Gedanke, der die überholten Vorstellungen von Motivation vom Kopf auf die Füße stellt. Es kommt eben *nicht* darauf an, dass ein High Performer seine Karriere so vorantreibt, dass sie seinen innersten Antreibern, Talenten oder was auch immer entspricht. Entscheidend ist, dass ein High Performer im richtigen Augenblick nach seinen eigenen Spielregeln *handelt.* Dieses Handeln, das konkrete und beharrliche Weitergehen auf dem Weg an die Spitze zeichnet High Performance aus. Deshalb sind Risikobereitschaft, eine hohe Selbstverantwortung und vor allem relevante Kontakte im entscheidenden Augenblick so wichtig.

Es ist das *Wie,* das den Unterschied macht. Es ist nicht das *Warum* (die Ambition, die Motivation) und es ist auch nicht das *Wohin* (C-Level, externe Funktion, Fachkarriere, Ausstieg). Es ist allein das *Wie:*

> *»Radikale Freiheit lebt nicht davon, dass Menschen so handeln, wie sie »wirklich sind«. Radikal freie Menschen ‚sind' vielmehr so, wie sie wirklich handeln.«*[53]

51 Reinhard, Rebekka: Welche Freiheit brauchen wir? In: Hohe Luft 2/2017, Seiten 18 bis 25, hier Seite 22
52 Reinhard, Rebekka, a.a.O., Seite 23
53 Reinhard, Rebekka, a.a.O., Seite 24

Echte High Performer, das möchte ich hier anfügen, sind immer radikal freie Menschen. Es sind Menschen, die weniger mit den konkreten Schritten ihrer Karrierestrategie hadern, sondern vor allem mit ihrer inneren Haltung. Die Arbeit an diesem Thema erfordert ein kompetentes und reflektiertes Gegenüber. Persönlichkeit wächst im Dialog. Das genau ist der Unterschied zwischen einer individuellen High-Performance-Beratung und einem Outplacement-Prozess von der Stange.

Zweites Fazit

High Performance neu denken: Erfolg ist heute nicht mehr zwingend verknüpft mit Machtzirkeln, Maßanzügen und Luxuslimousinen. Hierarchien sind flach, Organisationsstrukturen können sich sehr schnell ändern und Macht ist längst nicht mehr nur „oben" angesiedelt. Seit Konzepte wie Schwarmorganisation, „Radical Agility" oder „Holacracy" in die Tat umgesetzt und Führungskräfte mancherorts demokratisch gewählt werden, müssen wir High Performance neu denken. C-Level-Positionen lassen sich zwar immer noch erreichen, doch das Level hat sich verändert: Insgesamt gibt es weniger Jobs, aber es sind auch neue Positionen entstanden: Zum Beispiel die des Chief Digital Officers (CDO). Weil Karrieren heute agil verlaufen und Organisationen zunehmend netzförmig statt hierarchisch strukturiert werden, ändert sich der Habitus der High Performer: Statt des lauten Kapitäns auf der Brücke ist heute oft eher der sympathische Klassensprecher-Typus angesagt.

Die Haltung macht den Unterschied: „Herzensgute Ypsiloner" und „neue Gentlemen" — während diese als neue High-Performance-Stars gefeiert werden, wirtschaften Hardliner mit aller Härte auf Kosten Dritter weiter. High Performance geht eben über die ganze Bandbreite: Macht und Erfolg können mit einer starken Werteorientierung einhergehen, sie können aber auch korrumpieren. High Performance kann mit Exzess einhergehen — ganz gleich, ob damit Hedonismus oder Askese gemeint ist —, doch auch das muss nicht zwingend so sein. Wirklich große und nachhaltige Karrieren gelingen den High Performern, die inneren Abstand wahren, die ihren Weg unabhängig von äußeren Erfolgsfaktoren und der Lust am Exzess immer weitergehen — und dabei frei bleiben.

Was wirklich antreibt: High Performer sind häufig nicht nur motiviert von einem einzigen, großen Motiv oder einer ganz bestimmten Ambition. Oft ist es die Sogwirkung einer als attraktiv empfundenen Community. Treibend kann auch die Fähigkeit sein, eine kleine Chance in eine große Karriere zu verwandeln. Für gelingende High Performance sind neben der individuellen Motivation auch Zeit und Ort ausschlaggebend — die einzigartige, historische Situation.

Spiel nach eigenen Regeln: High Performer geben sich auf dem Weg an die Spitze ihre Spielregeln selbst. Sie entscheiden auch unabhängig, wann sie ihr Spiel beenden. Das eigene Lebensmodell spielt heute eine sehr viel größere Rolle als das, was sich andere unter einer erfolgreichen Biografie vorstellen.

III. Die Strategie

Wer an die Spitze will, tut gut daran, seinen Aufstieg langfristig zu planen und dann kurzfristig zu handeln, wenn die günstige Gelegenheit da ist. Erfolg hat schließlich derjenige, der Organisationen schnell durchschaut, Geschäftsfelder richtig einschätzt, Chancen nutzt und nicht davor zurückschreckt, in eigener Sache disruptiv zu denken.

3.1 Wie sie wurden, was sie sind

Radikale, innere Freiheit ist die beste Voraussetzung für einen erfolgreichen Weg bis ganz an die Spitze. Doch welches Marschgepäck brauche ich unterwegs? Mit welchen Strategien komme ich voran? In diesem Kapitel schauen wir uns die Biografien etlicher CEOs an, um zu verstehen, wie diese wurden, was sie sind. Wir gehen weg von der Hektik im Twitter-Format und denken über langfristige Perspektiven nach. Schließlich durchlaufen wir fünf Schritte in Richtung High Performance — vom richtigen Fundament für die große Karriere über das passende Sprungbrett zum Spitzenjob und die Kunst, Organisationen zu lesen bis hin zum disruptiven Denken in eigener Sache. Denn der beste Weg, mit dem eigenen Job eben nicht der Disruption zum Opfer zu fallen, ist der, genau diese Entwicklung mit Gedankenexperimenten vorauszusehen.

Kommt die fluide Organisation?

Allerorten lesen wir jetzt von einer Auflösung klassischer Konzernstrukturen zugunsten fluider und agiler Organisationsformen. Wer sich im Berliner Start-up-Milieu als Vordenker etablieren will, ist geradezu gezwungen, derartige Thesen zu formulieren.[54]

Auch ich lese sie mit Interesse — leider deckt sich aber so gut wie keine der formulierten Prognosen mit den Erfahrungen aus meiner Beratungspraxis. Zumindest in den von mir beratenen Unternehmen führt der Weg an die Spitze heute noch ausschließlich über die »alten« Strukturen, selbst dann, wenn sie sich einen jugendlichen Anstrich verpassen. Meine Erfahrungen aus jüngerer Zeit zeigen sogar, dass sich erfolgreiche Top-Manager aus Start-ups mit genau dem gleichen Habitus konfrontiert sehen, der schon in den 1980er und sogar in den 1960er Jahren *en vogue* war — und genau darüber stolpern.

Ich sehe es so: High-Performance-Strategien funktionieren nur dann, wenn sie die vielschichtige Entwicklung hiesiger Organisationsstrukturen in den Blick nehmen, die jeweiligen Spielregeln erkennen und mit leichter Hand darauf eingestellt werden. Dazu ein aktueller Fall aus meiner Praxis:

---

54 Das passende Kompendium dazu: Bender, Gunnar; Milde, Georg, Pehlert, Jessica: Disruptive Affairs. Neue Denkansätze für Kommunikatoren im Zeitalter digitaler Transformation. Berlin/Kassel: Siebenhaar Verlag, 2016

In Orange auf's Abstellgleis

Er leuchtete. Mit seinem orangefarbenen T-Shirt zwischen all den seriös gekleideten Top-Managern der Automobilbranche wirkte er so wie ein Pausenclown auf einer VIP-Beerdigung: Im falschen Film. Der Geschäftsführer des IT-Start-ups sah das nicht so. War er nicht hoch erfolgreich? Hatte er nicht Geschäftsmodelle neu aufgebaut, groß gemacht, an die Börse gebracht? Konnte er da nicht etwas aus der Reihe tanzen – mehr noch: Musste er das nicht sogar als Start-up-Guy?

In der jungen Firma herrschte beste Gründerstimmung: Man duzte sich, trank Smoothies, trug Kopfhörer, bunte T-Shirts und Hoodies, testete agile Management-methoden und krempelte disruptiv den Markt um. Mit den Jahren wurde das Start-up erwachsen, die Macher wechselten in die Ü-40-Liga, schließlich strukturierte der Mutterkonzern den ganzen Laden um: Er holte das agile Beiboot aus dem Wasser und entwickelte es weiter zu einer Yacht. Damit wurde es größer, leistungsstärker und … sehr viel schicker. Die Führungsmannschaft wechselte von Farbshirt plus Chino zu Anzug und Hemd minus Krawatte.

Nach und nach also stellten sich die Mitarbeiter um auf Business-Look. Nur der Chef nicht. Nach so vielen erfolgreichen Jahren und mit seinem sehr gut dotierten Jahres-salär ließ er sich den Start-up-Spaß nicht verderben. Blieb bei seinem Style. Und kurz darauf komplett zu Hause.

Und nicht nur er. Nach und nach kegelte der Mutterkonzern alle Start-up-Manager aus dem Boot, die nicht ins neue Bild passten. Alle in gegenseitigem Einvernehmen, alle gingen mit der Überzeugung, dass ihre Smartphones schon am Tag danach heiß laufen würden: Nach dem Erfolg der jüngsten Jahre musste sich doch binnen Stunden herumsprechen, dass High Performer zu haben sind. Nach einem schönen Urlaub – so viel Zeit muss sein – wäre man demnächst High Perfomer im Valley, in Tel Aviv oder zumindest in Berlin Mitte. Neuer Start-up-Job, alles auf Anfang. Super.

Das Alles-auf-Anfang-Gefühl war stark, die neue Freiheit nach Jahren harter Start-up-Arbeit willkommen. Doch dann passierte das, was passieren musste: Nichts. Keine Anrufe, keine Mails, gar nichts. Die alten Business-Freunde meldeten sich seltener, das High-Performance-Umfeld bröckelte weg, die Familien wurden unruhig.

Dann klingelte endlich das Telefon, und zwar bei mir in Stuttgart. Am anderen Ende der Leitung war der Mann im orangefarbenen T-Shirt. »Sie haben zu lange gewartet, Sie sind nicht vermittelbar« – ich spulte mein übliches Repertoire ab, knallte den Hörer aber nicht sofort auf die Gabel. Ich hatte den Eindruck: Der kann was. Der will was. Der hat vielleicht strategische Fehler gemacht, aber jede Menge Potential.

Wenige Tage später saß er in meinem Büro. Ein cooler Typ – für eine Start-up-Karriere allerdings zu erwachsen, für eine Industrie-Karriere deutlich zu bunt und deutlich zu weit entfernt vom mittlerweile üblichen Marathon-Format. »Haben Sie eigentlich schon einmal über das Thema Habitus nachgedacht?«, stach ich mit dem Finger in die Wunde. Der Kandidat staunte. Und dachte nach.

In den kommenden Wochen sortierten wir Kompetenzen, Kontakte und mögliche Karrierewege. Ich unterstützte bei einem kompletten Makeover, engagierte einen Personal Trainer für die Fitness und einen Personal Shopper für's Outfit.

Nach einem Dreivierteljahr intensiver Arbeit und nach vielen Feedbackgesprächen hatte der Kandidat das Maß seiner inneren Freiheit deutlich erweitert: Er sah sich jetzt nicht mehr nur als »der bunte Start-up-Typ«, sondern wählte das, was er darstellen wollte, je nach Anlass einmal so und einmal anders aus. Er hatte sich eine sehr viel größere Bandbreite an Habitusformen und an Rollen erschlossen, wirkte in jeder Fasson aber souverän und authentisch.

Dass er heute wieder an der Spitze steht, ist natürlich nicht seiner größeren Bandbreite an Oberbekleidungsfarben geschuldet, sondern vor allem seiner überragenden Kompetenz. Doch die lässt sich eben nur mit einem anschlussfähigen Habitus auf die Straße bringen. Bauchansatz und Knallfarben-Shirts können Karrieren killen.

Das ist der eine Fall, der mich in jüngerer Zeit erstaunt hat. Und jetzt der andere Fall — sozusagen das Gegenmuster.

Mit Magenta an die Spitze

John Legere, CEO von T-Mobile US, ließ sich noch im Jahr 2003 höchst seriös am Hochglanztisch ablichten mit Gelfrisur, dunklem Anzug, weißem Hemd mit Manschettenknöpfen, Krawatte und Pokerface.

Heute trägt er oben gerne eine Mischung aus Hoodie und Blazer, unten Jogginghose, darunter Funktionswäsche, um den Hals Silberkettchen, an den Handgelenken Glitzerzeug und Fitnessarmband, auf dem Kopf eine Rockermähne und mit der Handfläche praktisch verwachsen sein Smartphone, mit dem er permanent Kommentare twittert und Selfies postet.

Er ist schon deutlich keine 30 mehr (tatsächlich ist er *1959) und steht an der Spitze eines etablierten Mobilfunk-Konzerns. Seine Masche ist nun die: Statt die Rolle des klassischen Konzernlenkers zu spielen, stets bedacht auf diplomatische Wortwahl und seriöse Business-Wirkung, macht er genau das Gegenteil: Er inszeniert sich als Rockstar und trägt dazu Magenta.

Kernpunkt seiner Performance-Strategie ist Aggression: Bei jeder Gelegenheit zieht er per Twitter über die Konkurrenz her. »Jede gute Geschichte braucht einen Bösewicht«, schreibt er in Harvard Business Manager. »Und wir hatten unseren schon früh ausgemacht: AT&T.« Das ist genau das Unternehmen, bei dem er seine Laufbahn begann und fast 20 Jahre blieb.

> *»Unsere Anwälte waren entsetzt: Sie rieten mir dringend davon ab, Tweets zu posten. Aber ich ignorierte ihren Rat. Einer meiner ersten Kontakte auf Twitter war jemand, der sehr ernsthaft um Rat bat, wie er seine berufliche Karriere aufbauen solle. (…) Also schrieb ich schlicht: ,Fang an, World of Warcraft zu spielen. Erreiche Level 90.' Und plötzlich lasen jede Menge Gamer und Techies meine Kommentare auf Twitter. Mittlerweile habe ich über drei Millionen Follower.«[55]*

Weil darunter sehr viele Promis sind, wird manche seiner Nachrichten 150 Millionen Mal aufgerufen. So spart man sich Werbung in Zeitschriften, im Fernsehen und im Radio. Die Kombination aus Wild-Child-in-Magenta und Twitter scheint aufzugehen: Als Legere 2012 seinen Job antrat, hatte T-Mobile US 33 Millionen Kunden, im dritten Quartal 2016 waren es mehr als 69 Millionen.

T-Mobile US ist eine Tochter der Deutschen Telekom. Das Unternehmen ist kein Start-up, aber der exzentrische Star an der Spitze tut alles dafür, das Unternehmen nicht so aussehen zu lassen wie einen Konzern, sondern eben wie ein Start-up. Frage ich mich: Ist das ein Einzelphänomen? Eine neue, globale Business-Ära? Oder ist das eine neue Variante von US-Wild-West-Kultur? Ein Automobilvorstand mit Langhaarfrisur und Funktionswäsche in der jeweiligen Hausfarbe ist in Baden-Württemberg jedenfalls schwer vorstellbar.

---

55 Legere, John: Die Lust am Lästern. In: Harvard Business Manager 3/2017, Seiten 50 bis 56

C-Level: Eine geschlossene Gesellschaft?

Man muss sich schon etwas einfallen lassen, um an die Spitze zu kommen und dann auch dort zu bleiben. Das hat nicht nur etwas mit Kompetenzen zu tun, sondern eben auch sehr viel mit Show. Warum das so ist, erklärt sich aus der begrenzten Zahl der Spitzenplätze. Es gibt eine stabile Zahl von rund 200 CEO-Posten im DAX 30. Genauer:

Jahr	Anzahl CEOs im Dax 30	
2005	192	
2009	192	
2013	188	
2014	182	
2015	192	
2016	197	

Quelle: DAX-Vorstands-Report, Odgers Berndtson 2016

Ganz anders als es die Publikationen von Zukunftsforschern und Start-up-Gründern vermuten lassen, erleben wir hierzulande trotz der tiefgreifenden wirtschaftlichen Veränderungen in der letzten Dekade wenig Überraschendes, wenn es um Karrierefragen geht. Was die Karrierewege der High Performer im DAX 30 angeht, ist sogar exakt alles beim Alten geblieben.

Einer Auswertung der Personalberatung Odgers Berndtson zufolge ist die erste Konstante das Alter der Vorstandsmitglieder: Sie waren zwischen 47 und 48 Jahren alt, als sie in ihre jeweiligen Gremien berufen wurden. Jugendlich ist hier gar nichts.

Der Globalisierung zum Trotz findet auch Internationalität kaum statt: Der Anteil ausländischer Vorstandschefs ist zwar zwischen 1988 und 2008 im Dax von 3 auf 23 Prozent gestiegen, in der gleichen Zeit stieg der Anteil der CEOs mit Berufserfahrung im Ausland von 23 auf 65 Prozent. Doch was Ex-Wirtschaftsminister Hans Friderichs, der langjährige Aufsichtsratsvorsitzende von adidas, im Jahr 2009 in einem Spiegel-Beitrag voraussagte, das ist schlicht und ergreifend nicht eingetreten:

»Das Amt wird noch viel offener und kommunikativer werden, auch in Richtung der nationalen und europäischen Politik.«[56]

Der Anteil an CEOs mit internationalen Wurzeln stagniert seit 2009 bei rund 27 Prozent. Bei insgesamt sechs DAX-Konzernen steht ein Nordeuropäer oder ein US-Amerikaner an der Spitze: adidas (Kaspar Rohrstedt, Dänemark), Deutsche Bank (John Cryan, UK), Fresenius Medical Care (Rice Powell, USA), Henkel (Hans van Bylen, Belgien), RWE (Peter Terium, Niederlande, bis 10/2016) sowie SAP (Bill McDermott, USA). Aus dem asiatischen, arabischen, afrikanischen oder südamerikanischen Raum findet sich also ... niemand.

Immerhin waren im Jahr 2016 unter den CEO-*Neuzugängen* auf C-Level 36 Prozent der Kandidaten ausländischer Herkunft. »Das Argument, dass die Sprachbarriere ein natürliches Hindernis darstellt, mag für einen Mittelständler gelten, für Großunternehmen, deren Konzernsprache inzwischen durchgehend Englisch ist, nicht«, konstatiert Odgers Berndtson. Man kann sich des Eindrucks nicht erwehren, dass hier auf wertvolle Kompetenzen und neue Blickwinkel verzichtet wird zugunsten der Aufrechterhaltung einer handverlesenen, homogenen und weitgehend geschlossenen Gesellschaft.

Es geht hier auch nicht um Peanuts: Ein DAX-Vorstandsmitglied verdiente im Jahr 2015 insgesamt durchschnittlich 3,4 Millionen Euro. CFOs und andere Vorstandsmitglieder (bei diesem Punkt sind nicht CEOs gemeint) bekamen 13 Prozent mehr (nur männliche C-Level, weibliche Mitglieder verdienten im Schnitt 700.000 Euro weniger).

CEOs im DAX 30 sind mit durchschnittlich rund 5,4 Millionen Euro die Spitzenreiter unter den Vorständen. Bei ihnen reicht die Spanne von 14,4 Millionen Euro (Dieter Zetsche, Daimler) bis 2,6 Millionen Euro (John Cryan, Deutsche Bank). Die M-DAX CEOs verdienen ähnlich gut: 2016 summierten sich die Bezüge bei den Top-Verdienern dieser Liga auf zum Beispiel 4,8 Millionen Euro (Udo Müller, Stroer; Jürg Oleas, GEA; Wolfgang Dehen, Osram; Olaf Koch, Metro), Fielmann-Chef Günther Fielmann bekam etwas mehr (4,9 Millionen Euro), Till Reuter vom Augsburger Roboter-Hersteller Kuka erhielt 5,1 Millionen Euro, Marcelino Fernandez Verdez von Hochtief und Gordon Risko von Kion lagen gleichauf bei 5,2 Millionen und Rüdiger Kapitza vom Werkzeugmaschinenbauer DMG Mori bei 8,6 Millionen.

---

56 Werle, Klaus: So werden Sie zum CEO. In: Spiegel Online vom 25.08.2009; www. spiegel.de (www.spiegel.de/wirtschaft/soziales/vorstandsjobs-so-werden-sie-zum-ceo-a-644699.html)

Der Spitzenreiter (Wolf Schumacher, Aareal Bank) mit 13,6 Millionen Euro steht seit Herbst 2015 allerdings nicht mehr an der Spitze. Sein hohes Einkommen erklärt sich aus 12,6 Millionen Extras.[57]

Die Luft ist dünn an der Spitze, die Kämpfe um Bezüge in dieser Größenordnung sind hart, die Türen dicht geschlossen. Von Disruption, Globalisierung und digitaler Transformation wird in dieser Liga zwar gerne und viel geredet, bei den eigenen Karrieren aber disrupted und globalisiert sich im Moment noch nicht viel und es transformiert sich noch praktisch nichts. Chengwei Liu, Forscher der Universität Warwick, attestiert eine Uniformität, die man auch etwas unhöflicher als Inzucht bezeichnen könnte.

»Die Topmanager sind sehr kompetent, aber in ihren Kompetenzen nicht mehr zu unterscheiden. Sie haben den gleichen Lebenslauf, sie reden gleich, sie kleiden sich gleich, sie waren auf den gleichen Universitäten, sie haben die gleichen Netzwerke und die gleiche Denkweise. Wenn es Leistungsunterschiede gibt, dann beruhen sie darauf, dass jemand zur richtigen Zeit am richtigen Ort war.«[58]

Dennoch gibt es von Jahr zu Jahr neue Abstürze von der Spitze, es gibt Rücktritte, Fusionen, Neugründungen. Die geschlossene Gesellschaft bleibt in Bewegung. Dass sich hier niemand auf Dauer sicher fühlen kann, weiß Herfried Münkler besonders treffend auf den Punkt zu bringen. Als einer von Deutschlands prominentesten Politikwissenschaftlern und Experte für Herrschafts- und Machtstrukturen erklärte er in einem Interview, dass Manager andere Manager auf ihrem Weg an die Spitze zwar typischerweise wegbeißen, aber auch Koalitionen mit Konkurrenten bilden.

»Sie können sich auch zu Verbündeten machen, um eine Seilschaft des Aufstiegs zu bilden. Auf der nächsten Spitze der gemeinsamen Bergwanderung kann man sich immer noch überlegen, ob man den anderen runterschubst oder nicht.«[59]

57 Capital-Redaktion/Ohne Autor: Das sind die Top-Verdiener aus dem MDAX. In: Capital 23.02.2017; www.capital.de (www.capital.de/dasmagazin/managergehaelter-top-verdiener-mdax-manager-8550.html)
58 Gottschalck, Arne: Die immer gleichen Chefs. In: Manager Magazin vom 26.10.2016; www.manager-magazin.de (www.manager-magazin.de/koepfe/a-1115103.html)
59 Münkler, Herfried: Wer zu viele Bedenken hat, kommt nicht an die Spitze. In: Harvard Business Manager März 2017, Seiten 90 bis 93, hier Seite 92.

3.2 In langen Wellen denken

Was viele unterschätzen: Eine erfolgreiche Karriere kann nicht mit kurzsichtigen Strategien gelingen. Denn der Weg zur Spitze ist eine sehr, sehr lange Wanderung. Nehmen wir jetzt also die Dimension »Zeit« in den Blick. Wie langfristig sollte eine Strategie geplant werden? Und was heißt das für kurzfristige Entscheidungen?

High-Performance-Karrieren passieren nicht in 20 Monaten, sondern entwickeln sich über 20, 30, 40 Jahre. In einer Zeit, in der Wirtschaftsführer (der T-Mobile US Chef) und sogar der aktuell amtierende US-Präsident Donald Trump Politik mit Kurznachrichtentexten machen und Karrieren mit einem einzigen Facebook-Post zu Ende sein können, sind wir sehr auf Schlagzeilen und Schlagbilder fokussiert, wir gieren nach Aufregern und Likes, nach überraschenden Fusionen und CEO-Abstürzen.

Die längeren Entwicklungslinien geraten so aus dem Blick. Zum einen die Linie, die der französische Historiker Fernand Braudel als *»moyenne durée«* bezeichnet hat, also Konjunkturen und (Welt-)Wirtschaftskrisen, die mehrere Jahre oder Jahrzehnte umfassen. Komplett aus dem Blick verloren haben wir unterdessen die *»longue durée«,* die Hunderte von Jahren umfasst und die für die großmaßstäbliche Strukturveränderungen unserer Welt ausschlaggebend ist. Betrachtet man die praktisch unveränderten Biografien von CEOs seit den 1980er Jahren, haben wir es hier sicherlich nicht mit einer schnellen Entwicklung zu tun — auch wenn jede Generation von Journalisten aufs Neue wiederum genau das vermutet. Machtstrukturen ändern sich eben sehr, sehr langsam.

Achtung, Verschwörungstheorie!

Weil Entwicklungen sich derartig langsam vollziehen und gleichzeitig Zufälle einen oft massiv unterschätzten Einfluss auf unsere Biografien nehmen, muss ich an dieser Stelle mit einem Missverständnis aufräumen. CEO-Karrieren sind nicht bis ins letzte Detail planbar. Nicht planbar! Das geht nicht! Auch wenn Motivationstrainer auf grell ausgeleuchteten Bühnen mit Verve das Gegenteil behaupten. Letztendlich verbreiten sie mit ihrem »Du-kannst-alles-schaffen,-wenn-Du-nur-stark-genug-willst« so etwas wie angewandte Verschwörungstheorie.

Der US-amerikanische Politikwissenschaftler Michael Barkun hat einmal die drei Grundannahmen solcher Theorien auf den Punkt gebracht:

78

1. Alles ist miteinander verbunden.
2. Alles ist geplant worden.
3. Nichts ist, wie es scheint.

Wer so denkt, der glaubt auch, dass »die Wirtschaft« als geschlossener Machtblock an einem Strang zieht, dass es hinter den Kulissen geheime Verabredungen gibt und dass diese Verabredungen sorgfältig verschleiert werden. Natürlich gibt es so etwas wie Verabredungen unter *Very Important People,* natürlich treffen sich diese auch in gut abgeschirmten Zirkeln, aber letztendlich kochen auch sie nur mit Wasser. Die Welt ist viel zu komplex, als dass irgendwelche CEOs langfristig und zielgerichtet ganz bestimmte Ereignisse herbeizwingen könnten. Die Vorstellung einer solchen Art der Führung ist Geniuskult plus Größenwahn plus Machtphantasie.

Fakt ist: Geschichte ist nicht planbar. Deshalb sind auch Wege an die Spitze nicht planbar. Was aber nicht heißt, dass man dem Zufall hilflos ausgeliefert wäre. Das zeigen die Biografien der Menschen, die es ganz nach oben geschafft haben. Mit etlichen von ihnen hat Peter Vanham gesprochen, Medienstratege beim Weltwirtschaftsforum und Autor des Titels »Before I was CEO«. Vanham hat vier Jahre lang Lebensläufe recherchiert. Was er wissen wollte: »Braucht man ein brennendes Verlangen, Geschäftsführer eines großen Unternehmens zu werden, um es zu schaffen?« Antwort: Nein. Im Gegenteil. Die wichtigste Lektion im Leben der CEOs war diese sehr simple: »Nie Geschäftsführer werden zu wollen.«[60] Daraus schlussfolgert nun Vanham:

»Geschäftsführer werden ist wie Papst werden.«

Nun, jeder der auch nur in etwa weiß, wie Päpste gewählt werden und welche Macht Päpste anschließend haben, wird den einen oder anderen Unterschied zugeben wollen. Dennoch kann auch ich die zentrale Aussage bestätigen: Wer CEO werden will, der wird es noch lange nicht. Dazu gehört mehr. Was genau, lässt sich feststellen, und dazu kommen wir im Laufe dieses Kapitels noch. An dieser Stelle zuerst ein anschaulicher Blick auf zwei typische Karrieren: Eine sehr große, und eine etwas weniger große:

---

60 Vanham, Peter: Studien zeigen: Geschäftsführer wird man am ehesten, wenn man es gar nicht versucht. In: Business Insider vom 14.12.2016; www.businessinsider.de (www.businessinsider.de/studien-zeigen-geschaeftsfuehrer-wird-man-am-ehesten-wenn-man-es-gar-nicht-versucht-2016-12)

Von der Kunst, Chancen zu nutzen

Das Sympathische an Daimler-Chef Dieter Zetsche ist seine Bodenständigkeit und — seiner üppigen Bezüge zum Trotz — sein zurückhaltendes Auftreten. So gab er im Jahr 2008 gegenüber der Berufsorientierungszeitschrift »Junge Karriere« zu Protokoll, sein Weg an die Spitze sei alles andere als geplant gewesen:

> *»Ich müsste jetzt Geschichtsklitterung betreiben, wenn ich behaupten würde, seit zehn Jahren hätte ich davon geträumt, mal in der Autoindustrie tätig zu sein, um womöglich sogar CEO zu werden. (…) Das ist doch im ganzen Leben so, dass sich Gelegenheiten bieten, dem einen diese und dem anderen jene. Es kommt darauf an, welche Gelegenheit man ergreift und was man dann daraus macht.«*[61]

Wir schreiben das Jahr 2017, Zetsche steht immer noch an der Spitze und nutzt im Moment die Gelegenheit, sich mit Digitalisierung und Disruption vertraut zu machen und Daimler entsprechend umzubauen — was in letzter Konsequenz nichts anderes bedeutet, als die Infragestellung seiner eigenen Position. Denn wo, in einer »Schwarmorganisation«, ist bitteschön »die Spitze«?

»Es kam jedes Mal anders.«

Als Thilo Höllen im Jahr 2009 mit Klaus Werle ein Interview für den Spiegel führte, war er 33 Jahre alt und hatte einen Teil seiner steilen Karriere schon hinter sich. Mit 27 war er zum jüngsten Manager auf der dritten Führungsebene der Telekom aufgestiegen, mit 33 verantwortete er bereits das »Operative Produktionscontrolling Technik«, führte gut 50 Mitarbeiter und war auf der zweiten Führungsebene angelangt. Es folgte der Aufstieg zum »Leiter Key Account Management Süd« im Jahr 2010, seit 2012 ist er »Leiter Vertrieb/Leiter Business Deutschland, Zentrum Wholesale«. Ein rasanter Aufstieg, den Höllen so kommentiert:

> *»Ich hatte recht konkrete Vorstellungen über meine Karriereschritte, aber es kam jedes Mal anders.«*[62]

Ins Controlling zum Beispiel zog es ihn nie, nach dem persönlichen Anruf des Technikvorstands entschied er sich dennoch dafür. »Da kann ich am

61 Scheffler, Sven; Tofern, Martin: »Öl überflüssig machen«. In: Junge Karriere, Oktober 2008, Seiten 18 bis 20
62 Werle, Klaus: So werden Sie zum CEO, a.a.O.

besten beweisen, was ich kann.« Ein ganz einfaches und sehr effektives Prinzip, kommentiert Werle: »Den aktuellen Job bestmöglich zu machen, auch wenn es nicht das ursprünglich Geplante ist.« Wer einem ursprünglichen Plan zu starr folgt, der sieht andere Chancen nicht. So verkehrt sich selbst der stärkste High-Performance-Wille in eine sichere Methode, voll an die Wand zu laufen.

Genauso chancenlos bleiben diejenigen, die nach dem Abschluss auf einer Eliteuniversität glauben, eine Spitzenkarriere stünde ihnen quasi automatisch zu. Doch auch wer schon in jungen Jahren über hervorragende Abschlüsse und Kontakte verfügt, kommt nicht darum herum, sein Können in der Praxis unter Beweis zu stellen. Also: Zu arbeiten. Und zwar hart. Man mag zwar eine bessere Startposition haben, wenn man aus der richtigen Familie kommt und bei den richtigen Professoren studiert hat, Karriere muss man aber immer noch selbst machen – das macht einem keiner. Mancher Absolvent, der glaubt, mit seinem frisch gedruckten Zeugnis in der Tasche könne er unmöglich auf einer Position unterhalb des Bereichsleiters einsteigen, muss diese Lektion noch lernen.

»Machen« macht den Unterschied. Und zwar auch in den Formen, die nicht auf dem geraden Weg zu Ziel führen. Oft stellen sich gerade die seltsamen Projekte und die zufälligen Kontakte rückblickend als diejenigen heraus, die die steilste Lernkurve und die wertvollsten Hinweise gebracht haben. Es ist also so verkehrt nicht, statt eingleisig nach dem Spitzenposten zu streben das zu tun, was wir thematisch spannend finden, für das wir ein Talent haben oder sogar eine Leidenschaft. Assig/Echter gebe ich in diesem Punkt Recht:

> *»Für große Karrieren gibt es keine Pläne, keine Positionen, die unbedingt erreicht werden müssen, sondern Themen, Aufgaben, Anliegen, Interessen, Talente. (…) Diese Haltung ist es, die zum Erfolg führt, eine gezielte, tätige Ungeplantheit.«*[63]

Agilität in eigener Sache

Wem es gelingt, als weitsichtiger Stratege in eigener Sache tätig zu werden und gleichzeitig agil zu bleiben, der hat auf dem steinigen Weg an die Spitze tatsächlich Chancen.

Agilität ist entscheidend – und Agilität ist etwas, über das wir heute schon so oft gehört und gelesen haben, dass wir es als Buzzword erleben und schon

63 Assig/Echter, a.a.O., Seite 76

nicht mehr leiden können. Geben wir dem Begriff noch einmal eine neue Chance, indem wir das Prinzip für die eigene Karriere fruchtbar machen.

Das Prinzip kommt ursprünglich aus der Software-Entwicklung. Den Jungs an den Rechnern war aufgefallen, dass nach einem halben Jahr Arbeit oft das, was man da programmiert hatte, nicht mehr zu dem Problem passte, das der Kunde eigentlich gelöst haben wollte. Da konnte es schon mal passieren, dass die Hälfte der geleisteten Arbeit in die Tonne getreten wurde.

»Agile Entwicklung setzt deswegen auf viel kürzere Zyklen und Iterationen. Man definiert, was man im nächsten ein- bis zweiwöchigen Sprint schaffen will, und erstellt dann eine funktionierende Teilversion«,

erklärt Stephan Schulze aus Berlin. Er ist Technikvorstand bei Project A Ventures, einem Frühphaseninvestor, und setzt nach jeder Arbeitsschleife auf das Feedback von allen Beteiligten, das in die nächste Iteration miteinfließt.[64]

Nicht ganz so, aber doch ähnlich kann es auf dem Weg Richtung C-Level zugehen: Da bringt sich ein viel versprechender Kandidat zum Beispiel perfekt in Stellung auf der dritten, vielleicht sogar schon auf der zweiten Konzernebene. Er hat das richtige Fach studiert, spricht die richtigen Sprachen, beherrscht den Habitus, trägt also die passende Hemdfarbe, gilt als Kronprinz, und dann... wird »sein König« im Konzern gestürzt. Und seine Karrierepläne gleich mit.

Agile Karriereplaner lassen sich von derartigen Zwischenfällen nicht vom Kurs abbringen. Sie reagieren nicht einmal nach dem Motto: »Der König ist tot? Hoch lebe der König!« Weit im Vorfeld haben sie längst neue Spuren entdeckt, neue Muster sondiert und neue Wege an die Spitze gesehen.

Perspektive wechseln heißt Chancen schaffen

Die Kunst besteht darin, große und langfristige Pläne durchaus schon einmal in Erwägung zu ziehen, sich aber an diesem Plan nicht stur festzubeißen. Diese Perspektive in Richtung »grand« öffnet den Blick auf die vielen kleinen Gelegenheiten, die sich jedem auf dem Weg dorthin ergeben. Wer niemals groß gedacht hat, der sieht auch die kleinen Chancen nicht. Der kann sie auch nicht beim Schopf packen.

---

64 Koch, Christoph: Schneller! In: brand eins 06/2016, Schwerpunkt »Einfach machen«

Die große Perspektive, der Blick auf die mittelfristigen und sogar auf die langen Wellen legt den Hebel um: So wird aus dem passiven Warten auf Chancen eine aktives Suchen nach Möglichkeiten. So nehme ich kleinste Hinweise wahr und kann ihnen nachgehen. So sehe ich kleinste Musterveränderungen schon dann, wenn sie gerade erst entstehen. Und so lässt sich der Gang der Geschichte zwar nicht umschreiben — die eigene Rolle in diesem per se nicht zu beeinflussenden Gang ist aber eine andere. Aus Warten wird Handeln, aus Reaktion wird Aktion, aus Schicksal wird Freiheit.

3.3. Fünf Schritte zu High Performance

Schauen wir uns nun an, welche Stationen einen Weg an die Spitze typischerweise strukturieren. Meiner Erfahrung nach lassen sich diese Meilensteine erkennen:

1. Das richtige Fundament legen
2. Weichen stellen
3. Das passende Sprungbrett finden
4. Organisationen lesen
5. Die perfekte Welle reiten

Um Missverständnisse zu vermeiden: Diese Meilensteine sind nicht als starre Abfolge zu interpretieren, sondern eher als Orientierungspunkte, die sich trotz (oder gerade wegen) der »Agilität in eigener Sache« bewährt haben.

Um jeden einzelnen Schritt in seiner Relevanz möglichst plastisch zu zeigen, stelle ich jeweils aktuelle Daten und reale CEO-Karrieren aus der hiesigen Wirtschaftswelt gegenüber.

1. Das richtige Fundament legen

Wer hoch hinaus will, braucht schon beim Start das richtige Marschgepäck. Das kann − auch in einer CEO-Monokultur wie der hiesigen − völlig unterschiedlich aussehen. Einen besonders schönen Kontrast stellen die Einzelfälle Wolfang Reitzle und Werner Wenning dar. Der eine hoch ausgebildet von Anfang an, der andere startete von der Pike auf. Den Weg zur Spitze haben beide bewältigt, beide aber getragen von einer völlig unterschiedlichen Haltung.

Wolfgang Reitzle (*1949) hat zwei Diplome und eine Promotion in der Tasche, Zeugnisse von mehreren Karrierestationen bei BMW. Er avancierte zum Entwicklungsvorstand bei BMW, wechselte dann zu Ford und war als Vorstandsvorsitzender der Premier Automotive Group (PAG) für die Konzernmarken Jaguar, Aston Martin, Volvo, Land Rover, Lincoln und Mercury verantwortlich. 2002 schlug er das Linde-Kapitel auf und wurde dort Vorstand, später Aufsichtsratschef. 2009 übernahm er zusätzlich den Aufsichtsratsvorsitz bei Conti.

Werner Wenning (*1946) ging bei Bayer als Auszubildender an den Start, absolvierte ein Traineeprogramm, baute dann das Konzern-Rechnungswesen in Peru auf und wurde dort zum Geschäftsführer. Später wechselte er als Geschäftsführer nach Spanien, dann nach Deutschland, wo er den Posten des Finanzvorstands der Bayer AG übernahm, 2002 dann Vorstandsvorsitzender. 2012 übernahm er den Posten des Aufsichtsratsvorsitzenden. Das gleiche Amt bekleidete er auch bei der E.ON AG bis zum Sommer 2016.

Beide Männer haben eine absolut brillante Karriere durchlaufen — wobei Reitzle sehr viel mehr Wert auf Glamour legt, vielleicht auch auf Applaus. Er ist es denn auch, der noch immer im Rennen ist und wegen interner Querelen bei Linde sogar ein Abplatzen des Hochglanzlacks in Kauf nimmt. Die F.A.Z. jedenfalls brachte im Herbst 2016 zu diesem Thema ein Feature unter dem Titel »Der Makel«.[65] Wer höher fliegt, kann tiefer stürzen.

Ob die höhere Flugbahn direkt mit der frühen Bildung zusammenhängt, lässt sich im Rückblick natürlich nicht sagen. Klar aber ist, dass Reitzle im Vergleich zu anderen CEOs deutlich überqualifiziert war und Wenning aus einer vergleichsweise bescheidenen Position gestartet ist. Die Nachricht für Sie: Beides geht. Und für beide gilt: Das Glück ist mit den Tüchtigen.

Der aktuelle, mittlerweile fünfte DAX-Vorstands-Report aus dem Hause Odgers Berndtson zeigt, dass die Vorstände in DAX-Unternehmen heute fast ausnahmslos Akademiker sind. Die Bandbreite der studierten Fächer ist klein: Die Hälfte hat Wirtschaftswissenschaften absolviert, 15 Prozent sind Ingenieure, 12 Prozent haben Jura studiert. Was spannend ist: Im Jahr 1988 war noch fast die Hälfte der CEOs Juristen. Das Fach ist heute offenbar zu weit weg von der globalen, digitalen Wirtschaftswelt.

Diese Fächerverteilung ist in den vergangenen elf Jahren nahezu unverändert geblieben. Die »sonstigen« Fachrichtungen haben leicht an Bedeutung gewonnen. Dahinter stehen unter anderem sprachwissenschaftliche und pädagogische Studiengänge. Unter den aktuell amtierenden CEOs haben jedenfalls nur fünf keinen Hochschulabschluss.

Hartes Training in der Jugendzeit

Die entscheidenden Weichen aber werden oft schon vor der Studienzeit gestellt. Wer später an der Spitze steht, der hat häufig schon früh Verantwortung übernommen als Schulsprecher oder Mannschaftskapitän, in

---

65 Serrao, Marc Felix: Der Makel. In: Frankfurter Allgemeine Zeitung vom 25.09.2016; www.faz.net (www.faz.net/aktuell/wirtschaft/unternehmen/aufsichtsratchef-der-linde-ag-ueber-geplatzte-fusion-14451415.html)

der Firma der Eltern oder bei ganz frühen, eigenen Geschäftsideen. Etliche haben ihre Passion auch schon in der Schulzeit gefunden und leidenschaftlich verfolgt – zumeist unterstützt durch kräftiges Zutun der Eltern:

Bill Gates war so ein Schüler. Einige Mütter in seinem Umfeld hatten sich zusammengetan, um für seine Schule Computer zu organisieren. Eine ziemlich ungewöhnliche Idee im Jahr 1968, die es Gates ermöglichte, schon als Achtklässler tage- und nächtelang zu programmieren. Sieben Jahre später hatte er genug Erfahrung gesammelt, um zusammen mit seinem Nerd-Freund Paul Allen das Unternehmen Microsoft zu gründen. Das war am 4. April 1975. Heute hat Microsoft 114.000 Mitarbeiter und macht 85 Milliarden US-Dollar Umsatz.

Kein einziger Kandidat, den ich jemals in eine hoch dotierte Position vermittelt habe, hat sich erst mit Mitte 30 für den Weg an die Spitze entschieden. Die allermeisten haben eine Grundlage in der Kindheit und Jugend gelegt, haben härter gearbeitet als andere, mehr studiert als andere, bessere Noten geschrieben als andere und schon früh eigene Projekte an den Start gebracht. Die Allermeisten haben schon sehr früh Führungsverantwortung übernommen und in ihren Teams Führungsqualitäten unter Beweis gestellt. Wenning sagte einmal sehr treffend:

> *»Die Grundvoraussetzung für Erfolg ist nicht Anpassung, sondern der Wille, Veränderungen selbst zu gestalten.« Und: »Nicht auf die Summe der Bausteine kommt es an, sondern darauf, dass mit jeder neuen Funktion auch die Verantwortung wächst.«*[66]

Patrick De Maeseneire, der frühere Geschäftsführer von Adecco, hatte in einem Gespräch mit Peter Vanham noch ganz locker empfohlen, Nachwuchsführungskräfte sollten bis Mitte 30 einfach gar nicht an ihre Karriere denken, sondern »diese Zeit nutzen, um viele verschiedene Erfahrungen zu sammeln«, reisen, Sprachen lernen, verschiedene Firmen und Industrien kennenlernen, die eigene Passion finden.

Klingt jugendlich, meine Erfahrung ist aber eine ganz andere: High Performer wollen nicht »nicht an ihre Karriere denken«, sie sind auch viel zu zielstrebig für ein lockeres Hopping von Land zu Land, von Firma zu Firma. High Performer sind mit Mitte 30 schon kurz vor ihrem Ziel. Und das ist auch besser so – mit Ende 30 ist es nämlich zu spät für den Start einer großen, klassischen Karriere. In diesem Alter sollte man schon etwas vorzuweisen haben, sonst wird es eng.

66 Werle, Klaus: So werden Sie zum CEO, a.a.O.

Diese Regel gilt natürlich nicht für externe Berater, für Gründer, für Disruptoren aller Art. Der Grad der Freiheit ist hier um ein Vielfaches höher — »draußen« bläst allerdings auch mehr Gegenwind. Diese Regel gilt freilich auch nur so lange, bis jemand kommt, der es einfach trotzdem schafft. Karrieregesetze sind keine Naturgesetze, es sind lediglich Erfahrungswerte. Im Einzelfall kann immer alles vollkommen anders aussehen.

Bildungsweg mit Krone

Eine Frage bleibt offen: Brauchen High Performer eine Promotion? Da gilt es zu differenzieren. In der New Economy spielt die Promotion keine so große Rolle. Doch in der Old Economy ist eine Promotion nach wie vor hilfreich. Unternehmen wie Daimler, Audi oder Bosch haben sogar eigene Promotionsprogramme in Kooperation mit Universitäten etabliert. Dies dient aus technischer Sicht sicherlich der praxisorientierten Forschung und Weiterentwicklung der eigenen Technologien, aber kann auch als Beleg gewertet werden, dass dem formalen Abschluss in den Unternehmen ein Wert zugemessen wird.

Seit meiner eigenen Promotion öffnen sich für mich mehr Türen zu geschlossenen Gesellschaften. Was für externe Berater gilt, das gilt aber noch lange nicht für Konzernkarrieren. In den späten 1980er-Jahren waren zwar noch fast 70 Prozent der CEOs promoviert, 2005 waren es noch mehr als die Hälfte, 2016 nur noch 36 Prozent.

Als Grund nennen die Odgers Berndtson-Studienautoren die geringere Relevanz und gesellschaftliche Anerkennung von Promotionen in den Wirtschafts- und Rechtswissenschaften. Und zugleich die steigende Relevanz anderer Zusatzausbildungen mit größerer Praxisnähe, allen voran der MBA. Ende der 1980er Jahre hatte kein einziger CEO einen solchen Titel, 2008 waren es schon 23 Prozent.

Gut zu wissen: In den Natur- und Ingenieurwissenschaften gilt die Promotion nach wie vor als Zeichen für fachliche Tiefe und wird von vielen sogar als fester Teil der akademischen Bildung gesehen.

Was heißt das für Sie? Wenn Sie als Betriebswirt oder als Jurist nicht promoviert haben, ist das heute kein Karrierehindernis. Und wenn Sie über einen MBA nachdenken — vielleicht berufsbegleitend in der Variante »Executive MBA«, dann profitieren Sie doppelt: Vom erweiterten Wissen einerseits und von den neuen, oft erstaunlich hochkarätigen Kontakten innerhalb des Teilnehmerkreises andererseits.

2. Weichen stellen

»Testen, scheitern, lernen« - diesen Dreiklang, so lesen wir heute, sollen wir von erfolgreichen Start-ups lernen. Ausprobieren gehöre zu den Grundprinzipien, Fehler seien als Lernchancen willkommen, führten zu einem enormen Tempo in Sachen Produktoptimierung und letztendlich zu einem Produkt ganz nah am Kundenbedürfnis.[67]

Markttest in eigener Sache

Interessant: Viele High Performer wenden diesen Start-up-Approach intuitiv auf die eigene Karriere an. Weil sie mit 17 schon drei Praktika absolviert, mit Mitte 20 den ersten Job und mit Anfang 30 schon mehrere Abteilungen und Funktionen durchlaufen haben, sind ihnen schon alle wichtigen Fehler passiert. Sie wissen exakt, was sie nicht können, was sie nicht wollen, was sie langweilt. Und bleiben bei der Nische, die sie brillant ausfüllen. Man könnte diese Karrierestrategie als Markttest in eigener Sache bezeichnen.

Im Unterschied zu einem verspäteten Coaching oder einer Outplacement-Beratung, wo diverse Persönlichkeitstests möglicherweise bis dato verborgene Neigungen und Talente ans Tageslicht zerren sollen, handelt es sich bei derartigen Markttests in eigener Sache um absolut valide Ergebnisse. Da werden reale Herausforderungen durchlebt, durchlitten, da wird dazugelernt, der richtige Platz gefunden und, das ist entscheidend, da werden überzeugende Ergebnisse produziert, die in der Verhandlung um den nächsten Karriereschritt entscheidend sind.

Vom Führen allein ist noch nie jemand CEO geworden, von der perfekten Anwendung von Macchiavelli-Strategien auch nicht. Letztendlich zählt dann doch die messbare Leistung. Und die kann ein High Performer nur bringen, wenn er lange genug in einem Job arbeitet.

Häufige Unternehmenswechsel? Bitte nicht.

Eine weit verbreitete Karriereweisheit besagt, ein Kandidat möge häufig das Unternehmen wechseln, um möglichst viele unterschiedliche Erfahrungen zu sammeln. Tatsächlich kommen solche Karrieren vor: Reto Francioni zum Beispiel war vor seiner Berufung zum Chef der Deutschen Börse

---

67 Kaelble, Martin: Was man von Start-Ups lernen kann. In: Capital.de vom 25.01.2017 (www.capital.de/meinungen/Start-up-disruption-analytics-produkte-design-8435.html)

bei der Schweizer Börse SIX tätig, bei der Consors AG, Hofmann-La-Roche, Credit Suisse und UBS und wurde 2006 zusätzlich als Professor der Universität Basel berufen.

Angesichts solcher Lebensläufe fühlt sich mancher Experte berufen, eine weitere Dynamisierung und Internationalisierung von High-Performance-Karriere voraussagen und in einem Atemzug die Pflege besonders weit verzweigter Netzwerke anzumahnen. Schaut man sich aber die Zahlen an, so wird schnell klar: Das ist Wunschdenken. Real dynamisiert sich hier kaum etwas.

Nach wie vor werden die meisten CEOs intern rekrutiert. 1988 lag die Zahl bei 84 Prozent, sie sank dann kontinuierlich ab und liegt jetzt immer noch bei 70 Prozent. Warum das so ist? Wer eine so tragende Rolle als Kommunikator nach innen und nach außen spielt, der braucht ein sehr hohes Maß an Vertrauen. Und das genießen vor allem diejenigen mit eigenen Wurzeln im Unternehmen.

70 Prozent der neuen CEOs haben also etliche Jahre im Unternehmen gearbeitet, bevor sie aufgerückt sind an die Spitze. Der Wurzelfaktor ist tatsächlich noch höher als viele vermuten: 58 Prozent aller Vorstandsmitglieder im DAX sind sogar echte »Eigengewächse«, haben also mehr als die Hälfte ihrer Karriere in ihrem Unternehmen verbracht!

Für die Berufung zum CEO braucht es also nicht nur die richtige Marschroute und die richtige Strategie, sondern vor allem den richtigen »Stallgeruch«. Jobhopping an die Spitze funktioniert in vielen Fällen nicht.

Branchenwechsel

Das gleiche gilt für Branchenwechsel. Der Anteil der Vorstandsmitglieder, die den größten Teil ihrer Karriere innerhalb derselben Branche verbracht haben, liegt bei über 80 Prozent!

Wer wie Peter Löscher von einem Pharmakonzern (Merck & Co) zur Siemens AG wechselt oder wie Tina Müller aus der Kosmetikbranche zur Opel AG, der hat es in den Folgejahren nicht leicht. »Umparken im Kopf« fällt Mitarbeitern, Kunden und Aktionären oft gleichermaßen schwer. In einem Interview mit dem Manager Magazin bestätigte Tina Müller eine grundsätzliche Unsicherheit ihr gegenüber, ob sie vorübergehend zu Besuch sei:

»Im Übrigen ist meine Aufgabe bei Opel keine Sache von zwei, drei Jahren. Das dauert. Neulich fragte mich ein Mitarbeiter: Frau Müller, wie lange bleiben Sie denn bei uns? Ich sagte: bis zur Rente. Und er so: Dann ist es ja gut.«[68]

Zu diesem Zeitpunkt wusste sie freilich noch nicht, dass ausgerechnet Opel verkauft werden könnte.

3. Das passende Sprungbrett finden

Wenn mit jedem Karriereschritt die Verantwortung gewachsen und die Zahl der messbaren Erfolge gestiegen ist, gilt Führungsstärke als bewiesen. Genau das ist der Grund, warum erprobte »Eigengewächse« aus den Unternehmen gute Aufstiegschancen haben, während es für Seiteneinsteiger aus der Beraterbranche deutlich schwieriger aussieht.

Vom Beraterjob in die Führungskarriere

Ende der 1980er Jahre gab es noch überhaupt keinen CEO, der seine ersten Sporen bei McKinsey und Co. verdient hatte. Ende der Nullerjahre tauchten dann Frank Appel auf (Post) und Martin Blessing (Commerzbank bis April 2016, anschließend UBS). Zu Blessing muss man allerdings sagen, dass er nicht nur eine Lehre als Bankkaufmann absolviert hatte, sondern auch aus einer Bankiersfamilie stammt: Sein Großvater war Präsident der Bundesbank, sein Vater Vorstandsmitglied der Deutschen Bank. Den richtigen Stallgeruch brachte Blessing also mit, wenn auch nicht aufgesogen durch die eigene Profession, sondern qua Abstammung.

Für alle anderen gilt: Externe Unternehmensberater gelten intern oft als »knallharte Sanierer« und »eiskalte Zahlenmenschen«. Ihre Kernkompetenz sind Strategie und Analyse, sie agieren *unsichtbar* im Hintergrund. Führungskräfte an der Spitze brauchen diese Kompetenzen sicherlich auch, Vertrauen bauen sie aber auf mit klar *sichtbarer* Performance, die getragen ist von Empathie und Verlässlichkeit, von Zuversicht und Macher-Qualitäten.

Deshalb ist der Weg von McKinsey an eine andere Konzernspitze besonders steinig.

---

68 Werle, Klaus: »Ich habe keinen Plan B«. In: Manager Magazin vom 19.03.2015; www.manager-magazin.de (www.manager-magazin.de/magazin/artikel/opel-marketing-chefin-tina-mueller-im-interview-a-1035772.html)

Das beste Sprungbrett: General Management

Erfolgreiche Geschäftsführer von Tochter- oder Landesgesellschaften lassen sich ganz besonders gut in die Position des Vorstandvorsitzenden vermitteln. Das ist meiner Erfahrung nach seit vielen Jahren schon so, und das hat Odgers Berndtson auch für 2016 wieder bestätigt. Tendenz steigend.

Genau diesen Weg hatte Bayer-CEO Werner Wenning genommen: Er hatte sich als Geschäftsführer in Peru und in Spanien einen guten Namen gemacht, bevor er in Deutschland an die Spitze gewählt wurde.

Vorstände profitieren enorm von der Bandbreite der persönlichen Erfahrungen, die sich durch die Kombination Ausland plus General Management ergeben. Wenn sie dieses Rüttelbrett überstehen, sind sie in Sachen langfristige Strategien und in Sachen schnelles Trouble-Shooting wesentlich besser für einen Vorstandsposten gerüstet als Kollegen, die sich ausschließlich mit Finanzen befasst haben. Das ist übrigens ein Grund dafür, dass etliche Konzerne Stationen im Ausland als Karrierebausteine in ihren Karrierewegen fest verankert haben.

Was wird aus CFOs?

Interessant sind die unterschiedlichen Einschätzungen der CFO-Position als Sprungbrett in Richtung CEO: Ende der 1980er-Jahre waren noch mehr als die Hälfte der CEOs vor ihrer Berufung im Finanzbereich tätig, 2008 waren es 39 Prozent, 2016 dann nur noch 13 Prozent.

Für die meisten Experten gilt damit die »Mär vom CFO als Kronprinzen« als widerlegt und stattdessen bewiesen, dass der Königsweg zum CEO-Posten über das Kerngeschäft führt.

Dennoch wird auch die gegenteilige These immer wieder kolportiert. Die Argumentation geht so: Früher sei es im Finanzbereich allein um Controlling-Fragen gegangen, heute würden CFOs in wichtige Entscheidungen einbezogen. Ralph Heuwing, Finanzchef der Dürr AG, lässt sich in der Süddeutschen zitieren mit dem Satz:

>*Der CFO hat sich vom Navigator zum Copiloten des Unternehmens entwickelt.*[69]

---

69 Scheele, Martin: Berechnen und steuern. In: Süddeutsche Zeitung vom 04.11.2016; www.sueddeutsche.de (www.sueddeutsche.de/karriere/finanzvorstaende-berechnen-und-steuern-1.3233092)

Dem früheren Partner der Boston Consulting Group war es gelungen, aus dem Sanierungsfall Dürr innerhalb von zehn Jahren einen erfolgreichen Börsenchampion zu machen. Bei Heuwings Start 2007 hatte Dürr noch 1,4 Milliarden Euro umgesetzt (Ebit 55 Millionen Euro), 2016 wurde ein Umsatz von 3,8 Milliarden Euro vermeldet und ein Gewinn vor Zinsen und Steuern (Ebit) von 268 Millionen Euro. Auch ein solcher Erfolg kann ein Gefühl sein wie an der Spitze. Es ist aber nicht die Spitze – sondern der Co-Platz. Und so nimmt es nicht Wunder, dass Heuwing seinen in 2017 auslaufenden Vertrag nicht verlängert und nach »neuen unternehmerischen Zielen« sucht. Vermutlich nun ganz oben an der Spitze.[70]

Vom CFO zum Aufsichtsrat

Der Weg vom CFO-Posten zum CEO ist also schwierig, aber möglich. Wie aber sieht es aus mit einem Sprung in den Aufsichtsrat? Und wenn dieser Weg gelingen soll: Wann sollte man die Karriere in diese Richtung treiben? Diese Frage hat das Beratungsunternehmen Ernst & Young erfahrenen CFOs gestellt. Antwort »So früh wie möglich!« Wer sich erst kurz vor seiner Bewerbung auf eine Position im Aufsichtsrat vorbereitet, ist zu spät dran. Heute erfolgreiche CFOs arbeiten in der Regel schon in jungen Jahren in Richtung ihrer angestrebten Funktionen. Sie sind »langfristige Planer« statt einfache »Karriereopportunisten«.

Zwischen 2002 und 2012 hat sich dabei aber etwas ganz Entscheidendes verändert. Im Jahr 2012 war laut Ernst & Young die Wahrscheinlichkeit, dass ein CFO eine weitere Aufgabe außerhalb seiner Regeltätigkeit ausübte, in allen Altersgruppen wesentlich höher als zehn Jahre zuvor. Am deutlichsten zeigt sich dieser Unterschied bei den unter 50-Jährigen.

Für High Performer heißt das: Die monothematische Kaminkarriere gibt es nicht mehr! Nur Finanz reicht nicht. Wer morgen im Aufsichtsrat sitzen will, muss profunde Kenntnisse zu schnell wachsenden Märkten haben, muss sich in Social Media auskennen, muss ausgeprägte analytische Fähigkeiten vorweisen können, braucht selbstverständlich ein Netzwerk mit relevanten Playern und muss sich gut verkaufen können.

70 Habdank, Philipp: CFO Ralph Heuwing will Dürr verlassen. In: Finance-Magazin.de vom 30.06.2016 (www.finance-magazin.de/persoenlich-personal/fuehrungswechsel/cfo-ralph-heuwing-will-duerr-verlassen-1382651/)

Übrigens haben 62 Prozent der Konzern-CFOs, die 2002 in einem der 347 großen Unternehmen beschäftigt waren, diese Position gehalten oder sind in den Ruhestand gewechselt. Nur ein sehr kleiner Teil rückte auf:

- 15 Prozent wurden entweder CEO oder Vorstandsvorsitzender,
- 4 Prozent wurde Aufsichtsratsvorsitzender und
- 3 Prozent Chief Operating Officer.

Eine Frage bleibt an diesem Punkt noch zu klären: Wer von diesen Potentialträgern gehört nun eigentlich zu den »High Performern«? Laut Ernst & Young trifft dieses Attribut auf alle zu, die sich selbst in ihrer Position als »oben angekommen« erleben:

> *»Wer bis zum CFO aufgestiegen ist, hat eine außerordentlich erfolgreiche Karriere absolviert. Für die meisten ist dies der Höhepunkt ihrer beruflichen Laufbahn.«*[71]

Das heißt für Sie: Wo oben ist, das bestimmen Sie für sich ganz allein. CFO ist ein hochgradig fesselnder Job — es muss aber nicht zwingend eine zusätzliche »Weihe« als Vorstand oder Aufsichtsrat dazu kommen.

4. Organisationen lesen

Dass eine Funktion im General Management eine wesentlich bessere Startposition bedeutet als eine Position im HR/Personalwesen oder im Marketing, zeigt deutlich die unheimliche Macht der heimlichen Strukturen. Die wichtigsten Fäden laufen eben nicht im HR und auch nicht im Marketing zusammen — und so ist es derzeit auch kein so großes Wunder, dass sich genau hier die meisten weiblichen CEOs verorten lassen. Die Tür zum C-Level hat sich offenbar für sie geöffnet — nicht aber die Tür zu den wirklich relevanten Machtpositionen.

Wie gesagt: Entwicklungen verlaufen oft viel langsamer als von uns gedacht und von den Medien verkauft. Das Konzept der *longue durée* umfasst hunderte, auch tausende Jahre.

---

71 Ernst & Young: Wie Sie Ihre Chancen auf eine Karriere im Aufsichtsrat maximieren. Online unter www.ey.com (www.ey.com/de/de/issues/managing-finance/cfo-and-beyond---wie-sie-ihre-chancen-auf-eine-karriere-im-aufsichtsrat-maximieren)

Grande Dames und Graue Eminenzen

Auch wenn verschiedene Funktionsbereiche wie HR oder Marketing im Organigramm auf gleicher Höhe stehen wie Finanz, Produktion oder Vertrieb, können sie für ein Unternehmen von ganz unterschiedlicher Relevanz sein. Und damit auch für die Karriere derjenigen, die diese Funktionen ausfüllen.

Manchmal ist es gerade gut, Karriere in einem weniger erfolgreichen Bereich zu machen – hier kann man die deutlichsten Spuren hinterlassen. Ungünstig ist jedenfalls ein Karriereversuch in einem Bereich, der in naher Zukunft von Auflösung oder Verkauf betroffen sein wird. Bricht der Bereich weg, knickt die eigene Karriere zwangsläufig mit ab.

Wer aufsteigen will, muss ein intimer Kenner der Geheimstrukturen sein – und das ist auch ein Grund dafür, dass interne Kandidaten sehr viel bessere Chancen auf einen Aufstieg haben als Kandidaten von außen. In jedem Unternehmen gibt es sie: Die Mitarbeiter, die offiziell keine hoch angesehenen Positionen innehaben, hinter den Kulissen aber trotzdem die Fäden ziehen. Es gibt strukturell sehr hoch angesiedelte Manager, denen die Macht aber längst abhandengekommen ist und die – nicht erkennbar von außen – auf der inoffiziellen Abschussliste stehen. Überdies haben sich in nicht wenigen Unternehmen unsichtbare Parallelstrukturen ausgebildet, die sehr viel mächtiger sind als die offiziellen Hierarchien, Berichtswege und Abhängigkeiten.

Es ist mir nicht nur einmal passiert, dass ich im Laufe einer Geschäftsbeziehung das Wirken einer *Grande Dame* im Hintergrund akzeptieren musste oder die Interventionen einer *Grauen Eminenz,* oft noch aus der Gründergeneration und in einem Alter, das mit »knapp unter 100« nicht einmal übertrieben dargestellt ist. Auf dem Weg an die Spitze legen diese Figuren die entscheidenden Stolpersteine. Wer wirklich oben ankommen will, der muss also wissen, ob es derartige Hintergrundfiguren gibt, wann und wo man mit ihnen in Kontakt kommen kann oder ob es dritte Personen gibt, die die Kommunikation in den Hintergrund diskret organisieren. Ich versuche immer, die Personen im Hintergrund persönlich kennenzulernen.

Der typische Outplacement-Berater hält derartige Fälle aus der Praxis für Mafia-Filmstoff – und tatsächlich würde sich die Personenkonstellation oft perfekt für Hollywood eignen. Leider aber müssen Headhunter und Kandidaten real mit ihnen interagieren, ohne Filmlicht und Glamour. Vor allem im Mittelstand sind Top-Karrieren nur in Kooperation mit den *Grande Dames* und mit den *Grauen Eminenzen* möglich. Wer sie ignoriert oder sich offen gegen sie stellt, verschwindet ganz schnell von seinem Posten — damit hat er nicht nur seinen Aufstieg zum C-Level verspielt, sondern schlimmstenfalls seine Karriere komplett verbrannt. Denn Hintergrundfiguren zeigen sich zwar nicht, sind aber trotzdem gut vernetzt und können ihren Einfluss manchmal auch unvermutet an anderer Stelle wirksam werden lassen.

Zwischen Hierarchies and Wirearchies

Verdeckte Strukturen sind die eine Realität, mit der ich tagtäglich konfrontiert bin. Sich auflösende Strukturen sind die andere Realität. Diese wird derzeit wortreich beschworen von den High Performern, die sich komplett dem Neuen verschrieben haben. Von Christian Kuhna zum Beispiel, Director Think Tank Future Trends & Innovation bei der adidas Group HR Strategy.

Kuhna ist so etwas wie die europäische Variante von T-Mobile US-Chef John Legere, von dem ja bereits die Rede war, nur ist Kuhna auf eine andere Weise schrill. Statt magentafarbener Funktionskleidung trägt er bunte Blousons mit Aufnähern, statt langer Rockermähne einigermaßen ordentlich frisiertes Haar, dafür aber eine übergroße, gelbe Brille — das Modell ähnelt den Statement-Augengläsern eines der wichtigsten *enfant terribles* der Architekturgeschichte: Le Corbusier.

Netzwerke, glaubt Kuhna, seien die »Organisationsformen der Zukunft« und würden »die Organisationen, wie wir sie heute kennen, komplett ersetzen«. Nicht sofort, natürlich, Kuhna rechnet mit einer Übergangsphase. Er zitiert den Autor und »practical organizational futurist« Jon Husband:

»*Wir erleben den Shift von Hierarchies zu Wirearchies. Alles ist Netzwerk.*«[72]

Klingt sehr nach Zukunft, und sein Blog http://wirearchy.com/ ist tatsächlich lesenswert. Wenn ich aber auf der einen Seite derartige Zukunftsvisionen lese und auf der anderen Seite die Biografien der amtierenden DAX 30-CEOs daneben lege, werde ich skeptisch.

Ist es wirklich so, dass wir in Zukunft mit weniger Hierarchie, mit weniger Führung, praktisch auch mit weniger Machtspielen in Unternehmen auskommen werden? Entspricht das wirklich der Logik der Entwicklung und den Wertvorstellungen der jungen Generation (»Y«)? Muss das zwingend

---

72 Hornung, Stefanie: »Netzwerke sind die Organisationsformen der Zukunft.« Blog vom 24.10.2016 Online unter blog.zukunft-personal.de (blog.zukunft-personal.de/de/2016/10/24/netzwerke-sind-die-organisationsformen-der-zukunft/#more-2459)

so sein? Oder hängen wir hier nicht einer alten Phantasie nach, einem Wunschtraum, der in den verschiedenen Epochen der Menschheit immer wieder und immer wieder unterschiedlich formuliert wurde? »Freiheit, Gleichheit, Brüderlichkeit«, »Proletarier aller Länder, vereinigt Euch!«, »I have a dream ...« ... Und? Was ist daraus geworden? Und was heißt das für das Projekt der hierarchiefreien Netzwerkorganisation?

Neue alte Hierarchien

Macht- und Strategieexperte Herfried Münkler sieht die Entwicklung ganz nüchtern:

> *»Es ist eine bewährte Strategie im Kampf gegen die alten Hierarchien, deren Abbau zu fordern, während man im gleichen Moment darauf vertraut, dass keiner merkt, wie man selbst an einer neuen Hierarchie bastelt.«*[73]

Das wiederum ermutigt mich, täglich nach Hinweisen auf verdeckte Machtstrukturen, auf informelle Zirkel und totgeschwiegene Hintermänner zu suchen. Ich muss genau wissen, wo die wichtigen Knotenpunkte der Netzwerke liegen, was relevante Player wissen, was sie wollen, wie sie denken und fühlen. Genau dieses Wissen nämlich brauche ich, um vielversprechende Kandidaten zu platzieren. Alle anderen Karrieregesetze kann man im Internet nachlesen – solche nicht.

5. Die perfekte Welle reiten

Auch wenn der Kreis derjenigen, die in den Unternehmen an der Spitze stehen, weder groß ist noch offen, ergeben sich doch immer wieder Chancen für Kandidaten, die überhaupt nicht ins Bild passen. Und zwar gerade weil sie anders sind. Oder weil plötzlich der richtige Augenblick für »den Besonderen« gekommen ist.

Die Rede ist von existenziellen Unternehmenskrisen, in denen ein radikales Umdenken und Umsteuern nur noch mit Kompetenz und Erfahrung von außen gemeistert werden kann. Die Rede ist auch von Chancen, die sich erst im Laufe der Karriere zeigten und die gar nicht von vornherein angesteuert werden konnten.

---

73 Münkler, Herfried, a.a.O., Seite 92

Die Krise als richtiger Moment

Das Muster ist nicht neu: Während in »guten Zeiten« die Riege der hoch Erfolgreichen unter sich bleibt, den eigenen Habitus pflegt und nach und nach in eine immer größere, letztendlich innovationsfeindliche Homogenität abdriftet, holt man in Krisensituationen gerne jemanden, der die Ärmel hochkrempeln und das Ruder herumreißen kann — auch bei verminderter Eleganz in Sachen Performance.

Je nach Krise holt man auch jemanden aus einer anderen Branche — siehe Ex-Kosmetikbranchen-Expertin Tina Müller, die für das Opel-Facelifting angeheuert wurde. Siehe auch Peter Löscher, der von außen zu Siemens kam oder Wolfgang Reitzle, der als Linde-Retter an Bord geholt wurde. Drückt der Schuh in Sachen Digitalisierung eines Tages allzu sehr, sind für hiesige DAX-Unternehmen also auch C-Level Manager aus dem Silicon Valley denkbar — ich bin gespannt, ob es jemals so weit kommen wird.

Was heißt das für Sie? Gerät ein Unternehmen in die Krise — es muss ja nicht gleich ein DAX-Konzern sein — ist die Bereitschaft höher, sich Kompetenz von außen zu holen. Not kann Türen öffnen. Türen für Sie.

Der Zeit genug Zeit geben

Manche Chance ergibt sich auch erst mit der Zeit. So erging es zum Beispiel dem Chief Marketing Officer bei AB InBew, Chris Bruggraeve. Er konnte zu Beginn seiner Karriere gar nicht wissen, dass er einmal diese Position bekleiden würde. »Weder die Position noch die Brauerei selbst existierten damals.«[74] Manchmal entstehen neue Chancen in einem Moment, in dem man überhaupt nicht mehr damit gerechnet hat. Gerade das können die besten Momente sein. Und das zeigt: Die Kunst der Karrierestrategie besteht nicht darin, einen perfekten Plan zu schmieden und diesen dann mit eisernem Willen durchzupeitschen. Die Kunst besteht darin, sich zu fokussieren und im richtigen Moment cool und entspannt zu bleiben — also genau im richtigen Modus, um auf die perfekte Welle aufzuspringen und sich ganz nach oben tragen zu lassen.

---

74 Vanham, Peter, a.a.O.

3.4 Disruptive Strategien

Bleibt die Angst. Was, wenn meine Branche doch der Disruption zum Opfer fällt? Was, wenn mein Unternehmen wirklich die Hierarchien einreißt und stattdessen überall Netzwerkorganisationen aufspannt?

Es zeugt durchaus von Klugheit, derartige Gedanken nicht wegzuschieben, sondern weiterzudenken. Sonst geht es uns wie dem Truthahn, »dem es 363 Tage lang gut geht und der dann natürlich denkt, dass der nächste Tag auch wieder so schön ist. Und dann wird er geschlachtet. Und das ist dann Disruption, wenn man so will«. Dieses drastische Bild stammt übrigens von Digitalisierungs-Dinosaurier Klaus Eck, einem Blogger, Social Media- und Netzwerkexperten der ersten Stunde.[75]

Wie aber kann ich mich und meinen Job vor der Disruption schützen, bevor sie meine Chancen zunichte gemacht hat? Indem ich selbst disruptiv denke. Nach dem Motto »disrupt before you are disrupted«. Und indem ich dialektisch denke. Was ungewohnt sein mag, aber einen entscheidenden Schritt weiter bringt.

Kreativ destruktiv denken

Die eigene Karrierestrategie wird umso schlagkräftiger, je besser man die Strategien der Gegner kennt. Wie aber sehen diese aus? Was ist die Disruption, die die eigene Karriere ins Leere laufen lassen könnte? Das lässt sich mit Gedankenexperimenten herausfinden. Mit folgenden Fragen ...

... zum Unternehmen:
- Mit welchen neuen Ideen könnte ich unser Kerngeschäft kannibalisieren? (Das Uber-Prinzip)
- Was würde meine Konkurrenz tun, wenn sie nicht scheitern könnte?
- Welche »überflüssigen« Produkte und Dienstleistungen bieten wir unseren Kunden und warum wären wir ohne diesen Ballast für unsere Kunden attraktiver? (Das MotelOne-Prinzip)
- Welche guten Gründe gibt es, meinen Job abzuschaffen?

---

75 Bender, Gunnar et al., a.a.O., Seite 70

... zur eigenen Position:

- Wenn ich nach den Vorstellungen des Unternehmens alles richtig mache, was würde ich dann versäumen?
- Was ist mein eigenes Alleinstellungsmerkmal? (Die Nutzen-Frage)
- Was lieben meine Fans an meiner Person? (Die Sympathie-Frage)
- Muss es meine Branche sein — oder kann ich auch in einer anderen Branche tätig werden?
- Muss es eine Konzernkarriere sein — oder könnte ich auch selbst gründen?
- Muss es der aktuelle Lifestyle sein — oder wären *downsizing/downshifting* attraktive Alternativen?

... zu den Kunden

- Welchen Mehrwert bringe ich persönlich aus Sicht der Kunden?
- Welche der von mir erbrachten Leistungen könnten andere schneller, besser und billiger erbringen?

Das Prinzip dieser Selbstbefragung besteht darin, sich gedanklich den Boden unter den eigenen Füßen wegzuziehen und dann zu schauen, was darunter zum Vorschein kommt. Eine Szenario-Technik, die neue Perspektiven eröffnen kann.

Dialektisch denken

Dialektisches Denken ist beileibe keine neue Erfindung. Im Prinzip geht es um die Erkenntnis, dass gegenteilige Begriffe (etwa das Sein und das Nichts) zwar gegensätzliche Bedeutungen haben, im Kern aber immer die Aussage des anderen Begriffs in sich tragen (wenn kein Sein existiert, dann kann es auch kein Nichts geben — und umgekehrt).

Ein solches Denken eröffnet mehr Möglichkeiten, als das Bestreben, ein Spannungsfeld letztendlich doch immer wieder in eine Richtung auflösen zu wollen. Wir haben den Effekt in diesem Buch schon zwei Mal gesehen:

- Es lässt sich eben keine eindeutige Management-Tendenz Richtung Trump-Style oder Richtung Gentleman-Style feststellen. Beides ist gleichzeitig gültig.
- Genauso wenig lässt sich eine eindeutige Tendenz Richtung Erhalt alter Konzernstrukturen einerseits oder Auflösung Richtung Netzwerkstrukturen andererseits feststellen. Beide Entwicklungen finden gleichzeitig statt, beide durchdringen einander und brauchen sogar einander. Permanentes Netzwerk-Chaos macht ein Unternehmen auf Dauer hand-

lungsunfähig, zu starre Bürokratien aber ersticken Innovation. Also: Bitte beides. Gleichzeitig.

In eigener Sache kann es hilfreich sein, über folgende dialektische Figuren nachzudenken:

Flexibilität und Sicherheit

Neue Arbeitsformen ermöglichen, zu Ende gedacht, auch für die einzelne Karriere die »Losgröße Eins«. Theoretisch ist niemand mehr darauf angewiesen, einen Job von der Stange anzutreten. Theoretisch lässt sich jedes Detail individuell verhandeln: Büro oder Homeoffice, festes Gehalt oder Honorar-Baukasten, feste Arbeitszeiten oder flexible. Theoretisch könnte man einen Job in Echtzeit anpassen, genau wie sich Webseiten und Dienstleistungen heute in Echtzeit in ihrer Effektivität messen und anpassen lassen. Das wäre eine äußerste Form der Flexibilität mit dem Vorteil der größten Freiheit und dem Nachteil der größten Unsicherheit.

Auf der anderen Seite stehen klassische Positionen mit festen Jobbeschreibungen, festen Bezügen, festen Arbeitszeiten und Arbeitsorten. Diese bieten ein Arbeiten in sicheren Arbeitsbedingungen, neigen aber auch zur Verkrustung und Bürokratie bis hin zur Ausbildung eines »stahlharten Gehäuses der Hörigkeit« (Max Weber). Das ist weder produktiv noch zeitgemäß.

Wir brauchen beides: Flexibilität und Sicherheit. Das eine als Kern des jeweils anderen. Das Konzept der »Antifragilität« von Nassim Nicholas Taleb geht in diese Richtung. Dahinter steht die Idee, dass ein an sich stabiles Gebilde gleichzeitig so beweglich bleibt, dass es Stress von außen integrieren (statt nur abzuwehren) und sich auf diese Weise sogar weiterentwickeln kann.

Breites und tiefes Wissen

Lange Zeit herrschte die Vorstellung, eine Führungskraft punkte mit breit angelegtem Wissen, während eine Fachkraft eher durch Kompetenz in der Tiefe überzeuge. Wenn diese strikte Trennung überhaupt je der Realität entsprochen hat, ist sie heute jedenfalls hinfällig.

In einer Zeit, in der Wechsel zwischen Fach- und Führungspositionen nicht mehr komplett außerhalb des Denkbaren liegen und sich Vorstände statt nur durch Charisma-Punkte mit messbaren Leistungen auszeichnen müssen, haben die Kandidaten die besten Chancen, die beide Kompetenzen in sich vereinen. Klaus Werle hat das treffend so formuliert:

»Der Aufstieg von der einfachen Führungskraft bis an die Spitze eines Dax-Konzerns, er hat also etwas von einem komplizierten Balanceakt zwischen fachlicher Tiefe und breit angelegter Motivationskunst, zwischen hausmachtfördernder Kontinuität und netzwerkbildenden Firmenwechseln.«

Abhängigkeit und Freiheit

Zurück zum Schlussgedanken des vorigen Kapitels: Die Entscheidung zur radikalen Freiheit. Auch dies müssen wir dialektisch denken, wenn wir die Bedeutung der Freiheit im Ganzen verstehen wollen.

Ja, es ist Fakt: Radikale, innere Freiheit macht große Karrieren erst möglich. Denn sie agiert ohne Angst.

Doch Freiheit gibt es nicht ohne Abhängigkeit. Kein Mensch ist eine Kapsel — vor allem in Netzwerkorganisationen nicht. Und ausgerechnet hier tut sich ein Abgrund auf. Gerade in den Bereichen einer Organisation, in der sich Strukturen derzeit tatsächlich verflüssigen, verstecken sich Machtstrukturen besonders perfide.

Hier wird Freiheit performt, unter der Performance aber wütet ein neuer Zwang zu Konformität und totaler Anpassung. Wer die Gemeinschaftspublikationen hiesiger Start-ups liest, kann sich des Gedankens nicht erwehren, dass hier alle der gleichen Revolution hinterherlaufen, dabei alle das Gleiche denken und das Gleiche tun, dazu die gleichen Brillen tragen und die gleichen Bärte. Gut — das sind Oberflächenphänomene. Aber wie sieht es darunter aus?

Der koreanische Philosoph Byun-Chul Han hat dieses Phänomen unter die Lupe genommen und kommt zu einem etwas unangenehmen Schluss:

»Die heutige Krise der Freiheit besteht darin, dass wir es mit einer Machttechnik zu tun haben, die die Freiheit nicht negiert oder unterdrückt, sondern sie ausbeutet. Die freie Wahl wird vernichtet zugunsten freier Auswahl von Angeboten.«[76]

Bezogen auf das hier verhandelte Thema, »Wie gelingt der Weg an die Spitze«, würde das bedeuten: Wer sich nur fragt, *welche* der zur Verfügung stehenden Spitzen-Positionen er denn nun anstreben will, der wählt nur zwischen Angeboten aus. Der handelt aber nicht radikal frei.

76 Han, Byun-Chul: Psychopolitik. Neoliberalismus und die neuen Machttechniken. Frankfurt am Main: Fischer TB 2015, Seite 27

Würde er das tun, dann müsste er sich weitere Fragen stellen: »Was genau heißt High Performance für mich?«, »Warum ist High Performance für mich relevant?«, und wenn sie relevant ist: »Will ich, statt an der Spitze einer Organisation zu stehen, nicht möglicherweise etwas vollkommen anderes tun?«

Diese Frage wird in dem Augenblick umso relevanter, in dem wir uns eingestehen, dass auch C-Level-Jobs praktisch digitalisiert werden können. Längst hat Devin Fiedler vom Institute of the Future eine Software entwickelt, die die Arbeit von Mitarbeitern organisieren, koordinieren und abrechnen kann. Je nach Aufgabe sogar viel schneller und viel effektiver als menschliche Führungskräfte. Der Name der Software:[77]
iCEO.

In Zukunft werden wir also nicht nur Führung komplett neu denken müssen, sondern das komplette C-Level gleich mit. Höchste Zeit für ein intensives Coaching. Damit beschäftigen wir uns im nächsten Kapitel.

77 Hofert, Svenja: Agiler führen. Wiesbaden: Springer Gabler 2016, Seite 21

Drittes Fazit

Wie sie wurden, was sie sind: Im Moment haben wir es mit einer Gleichzeitigkeit verschiedenster Organisationsformen und Spielregeln zu tun. Gerade für junge High Performer besteht die Herausforderung darin zu erkennen, wann genau ein Habitus „alter Schule" der eigenen Entwicklung dienlich ist, und wann ein Umschalten auf Start-up-Attitüde erfolgen sollte. Oft laufen die Karrierewege immer noch nach traditionellem Muster ab, auch wenn sich ein Unternehmen modern und agil gibt. Umgekehrt kann es auch sein, dass es in traditionellen Unternehmen viel bunter zugeht als zunächst gedacht. Für den Weg an die Spitze existiert leider kein Patentrezept. Betrachtet man ausschließlich Positionen auf C-Level, so findet sich derzeit noch eine große Beharrungskraft alter Muster: Internationalität und Diversity spielen kaum eine Rolle.

In langen Wellen denken: Große Karrieren gleichen sehr langen Wanderungen. Was zählt, ist nicht der große Masterplan zu Beginn der Karriere. Ausschlaggebend sind vielmehr Durchhaltevermögen, Leistungsbereitschaft, Offenheit und Tatkraft. Also: „Machen"! Wer in großen Schritten denkt, gleichzeitig aber die kleinen Chancen sieht und agil handelt, der hat auf dem Weg an die Spitze die besten Chancen.

Fünf Schritte zu High Performance: Bis ins letzte Detail lassen sich Wege an die Spitze nicht planen. Es existieren aber wichtige Meilensteine. Dazu gehört das richtige Bildungsfundament (1), eine kluge Weichenstellung im Unternehmen (2), eine General-Management-Position als passendes Sprungbrett zum nächsten Level (3), die Fähigkeit, verdeckte Strukturen in Organisationen zu lesen (4) und schließlich die Kunst, eine Welle im perfekten Moment so zu reiten, dass sie ganz nach oben trägt (5).

Disruptive Strategien: Niemand kann den eigenen Job vor disruptiven Entwicklungen abschirmen. High Performer aber schützen sich vor unliebsamen Überraschungen, indem sie selbst disruptiv denken. Und zwar statt „entweder – oder" im Modus „sowohl – als auch". Tatsächlich lässt sich in großen Karrieren heute das verbinden, was lange als inkompatibel galt: Flexibilität und Sicherheit, breites und tiefes Wissen und nicht zuletzt Abhängigkeit und Freiheit. Im Prinzip kann sich heute jeder seinen High-Performance-Job individuell maßschneidern. Er muss es nur tun – am besten, bevor sein C-Level-Job der Digitalisierung zum Opfer fällt. Das Programm „iCEO" ist längst real.

IV. Der Booster: Coaching

High Performer im Alter zwischen Ende 40 und Anfang 50 stehen vor harten Herausforderungen: Es gilt, die eigene Reputation skandalfrei zu halten, Stress auszuhalten und die richtigen Weichen zu stellen. Denn entweder werden sie jetzt Vorstand – oder dieser Schritt passiert nicht mehr. Umso wichtiger, den richtigen Coach an der Seite zu haben und gemeinsam radikal zu denken. Dabei öffnen sich oftmals ganz neue Wege, die nicht nur zu mehr Status führen, sondern auch … zu mehr Freiheit.

4.1 Verschwiegene Navigationshelfer

Dem Herrscher an der Spitze ungebremst die Meinung sagen, das durften einst nur Hofnarren und Mätressen. Narren und Mätressen — beide stehen in der Rangfolge ganz unten, beide können, dürfen und wollen nicht offiziell in Erscheinung treten, beide haben offiziell keine Reputation, beide können sang- und klanglos eliminiert werden. So etwas wie Coaching *konnte* gar nicht stattfinden: Wer an der Spitze stand, galt per se als allwissend. Coaching *durfte* auch nicht sein, »denn vor Wettbewerbern als ratlos und schwach zu gelten, galt noch bis ins letzte Jahrhundert als glatte Einladung zum Königsmord«.[78]

Noch vor einer Dekade galt das gleiche auf den Top-Ebenen der Unternehmen. Wer sich beim Coaching erwischen ließ, war tot. Heute hat sich das Bild gewandelt: Spitzensportler haben einen, Spitzenpolitiker haben einen, und High Performer aus der Wirtschaft haben heute ganz selbstverständlich ihren eigenen Coach.

Von Apple-Legende Steve Jobs, von Amazon-Gründer Jeff Bezos, von Google-Chef Larry Page und auch von den hiesigen Dax-Vorständen ist bekannt, dass sie sich selbstverständlich Rat holten und holen.[79] Neu ist, dass immer mehr Führungskräfte der zweiten und dritten Hierarchieebenen zu persönlichen Coaches gehen.

Mit persönlichen Fragen, wenn die Zahl der ungelösten Lebensknoten zu groß geworden ist: Die Karriere stockt, der Lebenssinn ist verloren, der Haussegen hängt schief, die Freundin meldet Ansprüche an, der Sohn überlegt, ob er nicht lieber eine Tochter sein möchte oder umgekehrt. Da kann viel zusammenkommen.

Mit Performance-Fragen, wenn der Coachee in drei Jahren Vorstand sein will oder das Unternehmen in absehbarer Zeit verlassen muss. Wenn er

---

78 Demmer, Christine: Die gecoachte Nation. In: Süddeutsche Zeitung vom 17.05.2010
79 Oberhuber, Nadine: Nicht ohne meinen Coach. In: Frankfurter Allgemeine Sonntagszeitung vom 08.01.2017, Seite 19

unerwartet ein, zwei Karrierestufen »hochgefallen« ist und dann feststellt: »Ich kann keine Vorträge halten!« Oder, das kommt immer häufiger vor: Wenn er drei, vier Dekaden als High Performer überzeugt hat und jetzt, hinter vorgehaltener Hand, nichts lieber wissen will als: »Wie komme ich aus dem Hamsterrad raus? In fünf Jahren? Besser noch: Jetzt?«

Immer häufiger gilt Coaching als Ritterschlag durch den Vorgesetzten, »denn wem solche Förderung zuteil wird, mit dem hat die Firma offenbar Großes vor«, war kürzlich in der Frankfurter Allgemeine Sonntagszeitung zu lesen. Das ist eine relativ junge Entwicklung, die noch lange nicht in jedem Unternehmen angekommen ist. Tatsächlich kenne ich immer noch Konzerne und auch Mittelständler, bei denen man sich beim Gang zum Coach lieber nicht erwischen lassen sollte, gilt der doch immer noch als todsicheres Zeichen für schwache Performance. Dabei ist das Gegenteil richtig: Gerade die stärksten Performer haben ein gutes Gespür dafür, in welcher Situation sich Hilfe lohnt. Das kann eine handfeste, eine existenzielle Krise sein:

Die SMS kam um 23 Uhr. »Krise. Muss sofort zu Ihnen kommen. Geht das?« Ich war bereits zum gemütlichen Teil des Abends übergegangen, aber das klang nach einer Herausforderung, die sehr viel besser war als Fernsehen. Noch wichtiger aber: Ich kannte den Absender dieser SMS gut und fühlte mich verpflichtet, ihm zu helfen. Nicht nur als Coach, sondern als Mensch. Wenig später hörte ich seinen Wagen vor meiner Einfahrt. Ich ließ ihn in meine Garage fahren – bei einer derartig heißen Sache schien es mir ratsam, nicht der gesamten Nachbarschaft Hinweise auf meinen späten Besucher zu geben. Ich war ein wenig nervös. In diesem Moment konnte ich noch nicht ahnen, wie tief der Abgrund wirklich war, über dem mein Besucher baumelte.

Ich führte ihn in mein Büro und schloss die Tür zwei Mal ab. Als Signal: Hier bist Du sicher. Mein Besucher ließ sich auf einen meiner Sessel fallen. So etwas wie eine Gesichtsfarbe hatte er nicht mehr, sein sonst makelloses Outfit war derangiert, sein Blick zuckte nervös nach links, rechts, links, rechts. »Was ist los?« »Betrug in der Firma. Kriminelle haben über Wochen bei der Tochterfirma im Ausland angerufen, haben gefälschte E-Mails geschickt, es ist Geld geflossen, viel Geld.« »Wie viel?« »Millionen. Zweistellig.« »Das ist unangenehm.« »Allerdings. Die Firma kann das verkraften, das ist nicht das Problem. Aber der Vorstandskollege sagt: Das ist Dein Galgen. Du gehst in den Knast. Tatsächlich bin ich nicht verantwortlich für das, was passiert ist. Aber er will mir den Dreck an die Schuhe kleben.« »Sie sind nicht verantwortlich? Wirklich nicht?« »Nein. Das ist nicht meine Zuständigkeit. Er will die Sache aber umdrehen. Wir müssen an die Öffentlichkeit. Wir müssen meinen Ruf retten.« »Wir werden Ihren Ruf schützen. Aber wir werden nicht an die Öffentlichkeit gehen.« »Warum nicht?«

»Wir sind hier nicht an der Börse. ›If you panic, panic first‹ gilt nicht für Reputations-
fragen. Wir brauchen eine Strategie. Wir müssen Ihr persönliches Netzwerk ins Boot
holen. Wir müssen telefonieren. Mit ausgewählten Playern in Ihrem Umfeld. Aber
nicht mit der Presse. Auf keinen Fall. Sie werden sehen: Der Fall wird in wenigen
Wochen aufgeklärt sein, ohne dass Ihr Name irgendwo aufgetaucht ist.« Zu diesem
Zeitpunkt wusste ich nicht, dass ich Recht behalten sollte.

Wir skizzierten die gesamte Situation, machten alle wichtigen Player ausfindig,
drehten jeden Go-Stein im Mosaik um. Wir loteten die Stärken, vor allem aber die
Schwachstellen des wichtigsten Kontrahenten aus. Pausenlos. An Schlafen war nicht
zu denken, 72 Stunden lang.

Ausgerechnet in dieser Situation erwies sich mein kleines Fitness-Studio im Unter-
geschoss als hilfreich, um das ich sonst viel zu häufig einen Bogen mache. Mein Besucher
verbrachte Stunden darin, um seinen Stresspegel im Griff zu halten. Und ich hatte
ständig alle Telefone im Blick, um zu verhindern, dass er plötzlich doch noch jemanden
anrief, der nicht zum Kreis der engsten und verschwiegensten Vertrauten gehörte.

Dann war es geschafft. Das Unternehmen gab eine knappe Pressemitteilung heraus, sein
Name tauchte nicht auf. Die Meldung lief über dpa in alle Redaktionen, es wurde recher-
chiert, sein Name tauchte auch dann nicht auf. Der Fall konnte nie aufgeklärt werden.

Es ist gut ausgegangen: Sein Ruf blieb makellos und er setzte seinen Weg fort, als hätte
es die 72 Stunden »War Room« nie gegeben. Heute ist er Vorstand in einem anderen
Unternehmen.

Was ist eigentlich Coaching?

Es kursieren zahllose Definitionen, und Coachingverbände diskutieren
intern hart und heftig darüber, was sie unter Coaching verstehen wollen.
Eine recht treffende Definition stammt von Sonja Radatz (»Beratung ohne
Ratschlag«):

> *»Coaching ist die maßgeschneiderte Problemlösung im Spannungsdreieck zwischen*
> *Beruf, Organisation, und Privatleben oder in einem dieser Bereiche – eine Pro-*
> *blemlösungsmethode, in welcher der Coach für die passenden Fragen, hilfreichen*
> *Zusammenfassungen und die Einhaltung des Ablaufs verantwortlich ist, und der*
> *Coachee eigenständige Lösungen für seine Situation – für seine anstehenden Frage-*
> *stellungen – findet.«*[80]

---

80 Radatz, Sonja: Beratung ohne Ratschlag. Systemisches Coaching für Führungskräfte
    und Beraterinnen. Wien: Verlag Systemisches Management 2009, Seite 85

Wichtig sind hier zwei Punkte: Erstens ist Coaching nicht nur der High Performance Booster für die Karriere, Coaching schaut immer das gesamte System an. Also auch das Privatleben. Zweitens tischt ein Coach seinem Coachee nicht maßgeschneiderte Lebenslösungen auf — es gilt vielmehr, den Coachee bei der Formulierung seiner eigenen Lösungswege zu unterstützen.

Ein weiterer wichtiger Punkt kommt hinzu: Coaching ist nur hilfreich, wenn der Coachee gesund ist. Steckt er schon tief drin im Burnout, in der Depression oder in der Abhängigkeit, müssen andere Experten eingeschaltet werden — in derartigen Situationen lässt sich ein »normales« Coaching weder verantworten noch ist es überhaupt sinnvoll. Wann aber ist es sinnvoll? Ich sehe fünf Punkte. Coaching ist sinnvoll

1. in akuten Karrierekrisen
2. wenn die Reputation auf dem Spiel steht
3. als Unterstützung in akuten Stressphasen
4. als High-Performance-Booster
5. und als Unterstützung, wenn es um die Entwicklung von innerer Freiheit geht.

1. Akute Hilfe in der Krise

Wenn wir in den Medien von Coaching lesen, stehen zumeist Soft-Skill-Fragen und Selbstoptimierungsanliegen im Vordergrund: Smarter auftreten, besser präsentieren, effektiver führen, effizienter arbeiten, empathischer kommunizieren. Das ist alles richtig und auch berechtigt, in der Realität drückt im Top-Management der Schuh typischerweise an ganz anderer Stelle. Da geht es um Betrug und Vorteilsname, um Verschleierung und Absprachen in der Grauzone zwischen Legalität und Illegalität — Vorgänge, die in etlichen Konzernen virulent sind.

Wer oben mitspielen will, muss dort mit an einem Strang ziehen, da kommt keiner raus. Übrigens ist das häufiger Grund dafür, dass Manager der ersten und zweiten Ebene sich plötzlich für einen anderen Job entscheiden oder für gar keinen mehr. Was nach Jahren als Spitzenverdiener kein Problem darstellt: Privatier gilt als ernstzunehmende Option und kann eine sehr kluge Entscheidung sein, wenn sich die Aufdeckung eines Riesenskandals am Horizont abzeichnet.

Leider kommt es zu Riesenskandalen auch über Nacht — und es trifft High Performer, die zuvor durchaus ehrenhafte Arbeit geleistet haben. Es geht um Wirtschaftsbetrug durch organisierte Kriminelle — genau das ist im Beispiel oben passiert. Und es ist kein Einzelfall: Gerade in jüngerer Zeit ist es vermehrt zu »CEO-Frauds« gekommen, weltweit, leider auch massiv in Deutschland.

Diese perfide Betrugsmethode ist im Prinzip eine Variante des »Enkeltricks«: Kriminelle geben sich gegenüber Mitarbeitern unterer Ebenen als CEO aus und verlangen die Überweisung von Millionenbeträgen. Dabei drängen sie zu Eile (»Die Steuerfahndung ist im Haus!«) und zu strikter Geheimhaltung.

Laut FBI beläuft sich der weltweite Schaden auf 3,1 Milliarden US-Dollar (2,8 Milliarden Euro) in 100 Staaten.[81] Europol nennt einen europaweiten Schaden von 500 Millionen Euro und zählte bereits 1.200 Fälle.[82] Möglicherweise liegt aber der Schaden viel höher, weil betroffene Unternehmen mit einem derartig peinlichen Zwischenfall nicht an die Öffentlichkeit gehen wollen — immerhin droht der Verlust von Reputation.

Oft wird ein derartiger Betrug über Wochen vorbereitet: Da werden Mitarbeiter im Vorfeld schon vom vermeintlichen CEO angerufen und »ins Vertrauen gezogen«, so dass sie meinen, seine Stimme wiederzuerkennen. Der erste Kontakt erfolgt oft auch über gefälschte Mail-Adressen, später kommen dann vorbereitete Zahlungsaufträge mit gefälschten Unterschriften ins Spiel.

Besonders anfällig sind offenbar patriarchalisch-autoritär geführte Unternehmen, in denen es Mitarbeiter nicht wagen, nachzufragen. In solchen Unternehmen ist es für die betroffenen Buchhalter und deren Vorgesetzte auch besonders schwer, die eigene Reputation wieder herzustellen — falls das überhaupt möglich ist.[83]

2. Die Reputation retten

Die eigene Reputation kann einem realen, einem kriminellen »Anschlag« zum Opfer fallen, sie kann aber auch praktisch aus dem Nichts angegriffen werden: Es geht um üble Nachrede.

81 dpa/ohne Autor: Milliarden mit der »Chef-Masche«: Betrüger plündern Firmen. In: Süddeutsche Zeitung vom 06.07.2016; www.sueddeutsche.de (www.sueddeutsche.de/news/panorama/kriminalitaet-milliarden-mit-der-chef-masche-betrueger-pluendern-firmen-dpa.urn-newsml-dpa-com-20090101-160705-99-573991)
82 dpa/ohne Autor: Milliarden mit der «Chef-Masche», a.a.O.
83 dpa/ohne Autor: Milliarden mit der «Chef-Masche», a.a.O.

Üble Nachrede kann jeden zu Fall bringen. Ein neues Phänomen ist sie nicht, sie gehört zum Standardrepertoire von Intriganten überall dort, wo es um Macht- und Herrschaftsstrukturen geht. Eine neue Dimension öffnet sich mit den Möglichkeiten und Abgründen von Social Media: Ein Shitstorm kann jederzeit von jedem losgetreten werden, und zwar anonym.

Üble Nachrede folgt im Übrigen der Logik der heutigen Wirtschaftswelt: In vormodernen Zeiten noch wurden Konflikte »von Mann zu Mann« mit Faust und Waffe ausgetragen. In einer Zeit, wo es um Wissen und Kommunikation, um Charisma und (in-)formellen Einfluss auf andere geht, da trifft ein Angriff auf die Integrität einer Persönlichkeit härter als ein Schlag auf die Schädeldecke.

Die Folgen eines derartigen virtuellen Angriffs können sehr real und sehr physisch sein: Burnout, Depression, Suizidgefahr — wobei ein verantwortungsvoller Coach in einem solchen Fall selbstverständlich an einen Experten aus dem Fach Psychologie überweist. Der kann die Reputation zwar auch nicht retten, der kann aber vielleicht verhindern, dass jemand unter der Last des Verlusts von Integrität und Status zusammenbricht.

Leider stimmt es nicht, dass Intrigen immer Pyrrhussiege sind. Diese Einschätzung trifft nur in den Fällen zu, in denen sich die Spuren ganz klar zu einem bestimmten Intriganten zurückverfolgen lassen. Fliegt ein Intrigant auf, ist es auch mit dessen Karriere vorbei. Was aber, wenn ein anonymer Angriff über das Netz erfolgt? Schwierig!

Genau das ist Herfried Münkler passiert, Politikprofessor an der HU Berlin. Eine anonyme Gruppe führte eine Kampagne gegen ihn, warf ihm via Social Media Rassismus, Sexismus und Militarismus vor. Es gab einen eigenen Blog: Münkler-Watch, der irgendwo zwischen Protest und Rufmord-Versuch anzusiedeln war. Münkler wagte einen mutigen Schachzug: Er behauptete, die Kampagne gegen ihn sei aus dem eigenen Büro gesteuert, um seine Bekanntheit zu erhöhen. Irgendwann war die Sache ausgestanden — wie bei jedem Kampf um die eigene Reputation bleibt aber doch immer ein »Geschmäckle« zurück. Münkler? War das nicht der, gegen den die Studenten damals...?

Genau um diese Gefahr ging es auch im beschriebenen CEO-Fraud oben, und das genau war der Grund dafür, dass ich mit allen Mitteln zu verhindern versuchte, dass etwas in die Öffentlichkeit dringt. Was einmal publik ist, das lässt sich kaum mehr einfangen — heute wird es schnell hunderttausendfach weiter gepostet und rechtliche Schritte gegen Google oder Facebook sind extrem langwierig und schwierig.

Leider gilt: Ist die Reputation erst einmal ruiniert, lässt sie sich nur schwer wieder herstellen. Selbst dann, wenn üble Nachrede als solche enttarnt werden kann, wenn Strafverfahren offiziell eingestellt oder wenn vermeintliche Täter freigesprochen werden. Gerüchte folgen der Logik: »Wo Rauch ist, da ist auch Feuer.«[84]

3. Stress managen

Ich kenne keinen High Performer, der nicht permanent unter Stress steht: Über Jahre, Jahrzehnte reihen sich Meetings, Flüge, einsame Arbeitsstunden und wieder Meetings und Flüge aneinander, nur selten unterbrochen von viel zu kurzen Schlafpausen.

Der Grund heißt VUCA. Wobei diese nach einer Automarke klingende Abkürzung aus vier englischen Adjektiven komponiert wurde:

- *volatile,*
- *uncertain,*
- *complex* und
- *ambiguous.*

Wir leben in einer Wirtschaftswelt, die schon seit vielen Jahren geprägt ist von permanenter Unbeständigkeit, von Ungewissheit, von hoher Komplexität und Mehrdeutigkeit. Spätestens seit dem US-Wahlkampf 2016 scheinen die politischen Bühnen der Welt in einen ständigen Alarmismus gedriftet zu sein. Es scheint gar nichts mehr sicher zu sein — und selbst in Momenten, in denen einmal nichts passiert, kann doch in der nächsten Sekunde die nächste Twitter-Nachricht eines adrenalingefluteten Staatsmanns irgendwo auf der Welt alle Weichen wieder umstellen, damit ganze Geschäftsbereiche niederreißen und Aktienkurse abstürzen lassen.

Gar nicht leicht, unter solchen Rahmenbedingungen besonnen zu bleiben und die richtigen Entscheidungen zu treffen. Viele Jahre lang habe ich mit meinen Kandidaten und Coachees immer wieder diskutiert über »Entscheidungen unter Unsicherheit«. Das scheint es heute gar nicht mehr zu treffen. Viel passender scheint mir zu sein: »Entscheiden unter Angst«.

---

84 Tobler, Elsbeth: Gegen üble Nachrede sind auch Führungskräfte nicht gefeit. In: Neue Zürcher Zeitung vom 28.08.2012; www.nzz.ch (www.nzz.ch/gegen-ueble-nachrede-sind-auch-fuehrungskraefte-nicht-gefeit-1.17530761)

Nun ist Angst immer ein schlechter Berater, und das ist der Grund, warum ich von Jahr zu Jahr mehr Anfragen bekomme von High Performern, die einen gangbaren Weg suchen durch die VUCA-Welt. Wobei selbstverständlich niemand von ihnen das Wort »Angst« jemals ausgesprochen hat — damit nicht ist, was nicht sein darf.

Die gute Nachricht: VUCA macht High Performance nicht unmöglich, es fordert High Performer nur anders heraus. Heute gilt es viel mehr als früher, disruptive Denkwege einzuschlagen, ungewöhnliche Entscheidungen zu treffen und die innere Freiheit bis zu dem Punkt zu kultivieren, an dem man überzeugend von sich sagen kann: »Ich könnte jederzeit auch etwas vollkommen anderes tun.«

Verstehen Sie mich nicht falsch: Damit meine ich nicht, beim ersten Gegenwind die eigenen Aufgaben hinzuwerfen und damit meine ich auch nicht, dass Verantwortung keine Rolle spielt. Im Gegenteil. Es geht mir um die Einübung eines viel radikaleren Denkens — und das funktioniert nur dann, wenn ein Kandidat sich von der Idee befreit, seinen Status Quo unbedingt festhalten oder nur deshalb noch weiter steigern zu müssen, weil es alle tun. Seit »die Spitze« im Business nicht mehr zwingend »oben« ist, können unsere Wege jederzeit ganz plötzlich in eine ganz andere Richtung führen. Und nur weil »Wachstum« als wichtigstes Gesetz der Wirtschaft gilt, muss das eigene Wachstum nicht unreflektiert den gleichen Implikationen folgen.

Coaching kann dabei helfen, diese neuen Wege erstens überhaupt zu finden und im zweiten Schritt zu prüfen, ob sie für den jeweiligen Kandidaten überhaupt in die richtige Richtung führen.

Wobei es einen Unterschied macht, ob diese Gespräche in der eigenen Familie oder im Freundeskreis geführt werden: das engste Umfeld denkt zumeist nicht so frei wie ein externer Berater. Nicht, weil es nicht die Kapazität dazu hätte, sondern weil die eigenen Interessen unmittelbar damit zusammenhängen. Ein radikaler Kurswechsel kann eben dazu führen, dass eine ganze Familie den Kurs wechseln muss: Wohnort, Lifestyle, alles. Da geht es um die Definition von Identität, um soziale Einbindung, um Existenzangst — gravierende Themen, an denen Familien auch scheitern können, aber durchaus nicht müssen. Genau deshalb ist ein externer Dialogpartner so wichtig.

4. Die Karriere beschleunigen

Die Spielräume der Lebensgestaltung sind heute so groß wie noch nie. Es ist meinem Eindruck nach nicht mehr zwingend so, dass High Performer unbedingt aus gut bürgerlicher Familie und von den besten Eliteuniversitäten kommen müssen, um eine Top-Karriere zu machen. Die Chancen stehen sehr gut, wenn jemand die Fachkompetenzen, die Sozialkompetenzen und letztendlich auch die emotionalen Kompetenzen mitbringt, die es braucht, um aus einer guten Idee ein großes Lebenswerk werden zu lassen.

Oft fehlen die richtigen Kontakte und oft fehlt der letzte Schliff in Sachen Präsentationen und Parkettsicherheit — und hier kommen dann Coaches ins Spiel. Mit einem kleinen, aber feinen Unterschied. Versteht der konsultierte Coach sich vor allem als Business- und Lebensberater, kann er wichtige Hilfe leisten bei Fragen der Selbstreflexion und damit auch große Entwicklungsschritte ermöglichen.

Die richtigen Kontakte aber hat ein konventioneller Coach nicht, von Präsentationen für ein bestimmtes Fachpublikum versteht er nichts und mit den jeweils spezifischen Umgangsformen auf dem glatten Parkett einer Branche kennt er sich auch nicht aus.

Ein allgemeines Soft-Skill-Training in Kombination mit Hilfe zur Selbstreflexion mag Karrieren beschleunigen — auf Turbo schalten lassen sich Karrieren aber nur mit einem relevanten Kontakt-Pool und dem genau passenden Habitus. Informationen über diese absolut erfolgskritischen Punkte gibt es nicht beim Coach um die Ecke, nicht im Buchhandel und auch nicht bei Google.

Die gibt es bei wenigen Beratern mit exklusivem Netzwerk und profunder Branchenexpertise, deren Namen oft nur als persönliche Empfehlungen weitergegeben werden.

5. Radikale Freiheit kultivieren

Es kommt gar nicht so selten vor, dass High Performer bei mir Coaching-Sitzungen buchen mit dem Anliegen, in nächster Zukunft noch sehr viel erfolgreicher zu sein.

»Warum?« Keine Antwort. »Will Ihre Frau das so?« Zucken der Gesichtsmuskulatur. »Nein, ich will das so. Ich will besser werden in meinem Job. Ich will an die Spitze!« »Was sind Ihre Kriterien?« Keine Antwort.

Dass die Frage nach dem »Warum?«, die Frage nach den eigenen Kriterien unbeantwortet bleibt, das ist keine individuelle Fehlleistung, das ist eine Leerstelle unseres Lifestyles heute. Mit unserer Hoffnung auf eine noch perfektere Selbstoptimierung und auf noch mehr Erfolg im Job ist so etwas verbunden wie eine Hoffnung auf *Selbsterlösung*. Wie ein solches Leben dann aussehen könnte, wenn dereinst alles erreicht und endlich »alles gut« sein wird, das bleibt oft unklar und unreflektiert.

»Lebensgestaltung reduziert sich vielfach auf eine Selbstoptimierung nach nicht weiter hinterfragten Kriterien«,[85] schreibt Hans-Jürgen Seel, emeritierter Professor an der Sozialwissenschaftlichen Fakultät der Technischen Hochschule Nürnberg und Vorstand der Deutschen Gesellschaft für Beratung (DGfB).

Es müsse schneller, höher, weiter gehen. Es gelte, die richtigen Entscheidungen in eigener Sache zu treffen, sich richtig im Markt zu positionieren, einen imaginären »inneren Hebel« auf Erfolg zu stellen — so das auf den Bühnen der Motivationstrainer tausendfach gebetete Mantra. Der noch vor einigen Jahren zelebrierte »Tschakka«-Ruf ist mittlerweile zur Karikatur verkommen, das Publikum verlässt den Saal dennoch mit breiter Brust. Bereit, noch mehr zu leisten, noch härter zu arbeiten und mit noch mehr Power für Erfolg zu kämpfen, koste es, was es wolle und möge es hinführen, wohin es wolle, Hauptsache es geht weiter »nach vorne«.

Ausgeblendet werden zuerst die Rahmenbedingungen: Nicht alle Faktoren lassen sich unter die Knute des eigenen Willens zwingen, nicht alles lässt sich lückenlos kontrollieren und gerade heute müssen Karriereentscheidungen unter großer Unsicherheit getroffen werden. Wer weiß schon genau,

---

85 Seel, Hans-Jürgen: Beratung: Reflexivität als Profession. Göttingen: Vandenhoek & Ruprecht 2014, Seite 190

wann das Elektroauto kommt? Wer kann sagen, welche Konsequenzen die 2016 ausgerufene »America-First«-Wirtschaftspolitik nach sich zieht?

Ausgeblendet wird auch das »Warum?« Das Wissen um eine Lebensaufgabe hat einen eminenten psychohygienischen Wert, hat der österreichische Psychiater Viktor Frankl einmal gesagt.

»Wer um einen Sinn seines Lebens weiß, dem verhilft dieses Bewusstsein mehr als alles andere dazu, äußere Schwierigkeiten und innere Beschwerden zu überwinden.«

Solange die Sinnfrage nicht beantwortet ist, kommt das Streben nach einer Spitzenposition nicht über eine billige Duracell-Hasen-Ästhetik hinaus. Erinnern Sie sich an die Batteriereklamefigur? Sie trommelte in den 1970er Jahren los und rennt immer noch über die Webseite — wenig Sinn, viel Power. High Performance nach diesen Muster muss geradezu zwangsläufig ist die Erschöpfung führen, in den Burnout. Irgendwann ist jede Batterie leer. Wird der Drang nach Erfolg und nach Selbstoptimierung nicht reflektiert, kann er sogar umkippen in Selbstzerstörung — Stichwort Burnout, Abhängigkeit und so weiter. Ohne Reflexion handelt ein High Performer unfrei. Nicht er hat das Heft seines Lebens in der Hand, sondern das Lifestyle-Muster der angestrebten Community in Kombination mit der Angst, nicht oder nicht mehr dazugehören zu dürfen. So kann es Seel zufolge im Extremfall zu einer ständigen »Hypertrophierung des eigenen Ichs und seiner Surrogate«, außerdem zu einer karikaturhaften Ausgestaltung der eigenen Performance kommen: »Denn der verinnerlichte Selbstoptimierungsmanager macht jedes Subjekt zu seinem eigenen Produkt.«[86]

High Performance ist das nicht — das ist ein blindes Mitlaufen mit der »competitive herd«, auch wenn diese Herde nach eigenem Verständnis ausschließlich aus Hochleistern besteht.

Ich meine: Echte High Performance basiert auf Reflexion, basiert auf radikaler Freiheit. Wer an die Spitze kommen und sich dort halten will, wer ein Leben auf der Überholspur führen will, der braucht exzellente Qualitäten *und* inneren Abstand. Das hat ausgerechnet eine High Performerin aus einem ganz anderen Bereich blendend auf den Punkt gebracht, die Jazz-Musikerin Esperanza Spalding:

»Prepare, prepare, prepare, let go.«

---

86 Seel, a.a.O., Seite 191

Das »let go« am Schluss macht den Unterschied. Wir kennen das Phänomen auch aus dem Sport: Wer zu verbissen kämpft, stolpert über die eigenen Füße. Für den letzten Schritt braucht es eine absolut souveräne, radikale innere Freiheit.

Das ist der Grund dafür, dass ich meine Kandidaten und Klienten im Coaching erst dann auf den Weg an die Spitze begleite, wenn ich erstens weiß, dass sie überhaupt zu High Performance in der Lage sind. Und wenn ich zweitens weiß, *warum* sie sich zu diesem Weg entschieden haben. Reflektiert. Und radikal frei.

4.2 Wildwuchs am Coachingmarkt

In Deutschland geben Ratsuchende eine halbe Milliarde Euro für Coaching aus — so das Ergebnis der jährlichen Coaching-Marktanalyse der Universität Marburg. Jedes Jahr wächst der Gesamtumsatz der insgesamt 8.000 Coaches hierzulande um 10 Prozent. Vier von fünf Klienten rufen ihren Coach wegen beruflicher Herausforderungen an. Laut der International Coach Federation liegt der Umsatz der Coaching-Branche weltweit bei rund 2 Milliarden Dollar.

Ein neuer »Massenmarkt«

»Was Ende der 80er Jahre als Instrument zur Personalentwicklung von Top-Führungskräften begann, hat sich seit dem Jahrtausendwechsel zum Massenmarkt entwickelt«, schreibt Nadine Oberhuber in der F.A.Z..[87] Damit ist auch das Image dieser sehr persönlichen Dienstleistung ein anderes geworden: Ging man früher zum Coach, weil man wegen seiner Schwächen nicht mehr klarkam, so geht man heute hin, um mit den individuellen Stärken nicht mehr nur einen guten Job zu machen, sondern einen herausragenden Job. High Performance! Coaching kommt heute nicht *auch* in den besten Familien vor, sondern *insbesondere* dort. Bei Spitzenkandidaten steht das Thema ganz oben auf der Must-Have-Liste.

Mit der »Vermassung«, um nicht zu sagen mit der »Verwässerung« des Angebots steigt allerdings auch die Zahl der unseriösen Angebote: Weil Coaching kein geschützter Begriff ist, kann sich jeder, der gerade Lust

---

87 Oberhuber, Nadine, a.a.O

hat, ein eigenes Coaching-Format ausdenken: Coaching am Berg, Coaching mit Orchester, sogar Esel-Coaching findet sich im Angebot mit einem extra auf Führungskräfte zugeschnittenen Format (»Es begleiten Sie zwei Coaches und drei Esel als Co-Coaches!«) Jeder Student kann sich heute im Hinterzimmer zwei Stühle aufstellen und beraten, wie ihm der Schnabel gewachsen ist.

Wer Coaching aber nicht gelernt hat, tappt schnell in die Falle von Übertragung und Gegenübertragung, projiziert eigene unerfüllte Wünsche, eigene Komplexe und Vorannahmen auf sein Gegenüber und kann auch einen Burnout nicht von einer Depression unterscheiden. Heißt für High Performer: Lieber auf persönliche Empfehlungen hören als irgendjemanden blind aus einer Datenbank buchen.

Warum »Auch-Coaches« der Normalfall sind

Bei der großen Zahl an sehr guten und weniger guten Coaches hierzulande ist es kein Wunder, dass die meisten Coaches diesen Beruf nicht hauptsächlich ausüben. Das gibt der Markt nicht her. Etliche Coaches haben ihre Ausbildung erst kürzlich abgeschlossen — Coaching-Schulen gibt es zahlreich im Lande — haben Flyer gedruckt, aber überhaupt keine zahlenden Klienten. Andere üben den Beruf des Coaches neben einem anderen Beruf aus: Manager, Professoren oder eben auch Executive Search Berater. Diese sind also »Auch-Coaches«,[88] so war es einmal ganz treffend in einem Blogbeitrag zu lesen.

Ist das nun ein Zeichen von mangelnder Qualität? Ich meine: Gerade diejenigen, die auf Grundlage vieler Dekaden von Business-Erfahrung *auch* Coaching anbieten, haben High Performern viel mehr mitzugeben als Menschen, die zwar eine Modulausbildung hinter sich gebracht, aber noch nie ein Unternehmen von innen gesehen haben.

Wenn Coaching instrumentalisiert wird

Nicht alles, was sich Coaching nennt, ist allerdings auch Coaching. So kommt es gar nicht so selten vor, dass Führungskräfte praktisch gegen ihren Willen ins Coaching geschickt werden, weil sie im Unternehmen

---

88 Rose, Nico: Was ist eigentlich Coaching — und ist es für mich wichtig? In: Lead-Digital.de vom 11.02.2016 (www.lead-digital.de/aktuell/work/was_ist_eigentlich_coaching_und_ist_es_fuer_mich_wichtig)

nicht auf Linie laufen und sich Vorgesetzte entweder schon die Zähne ausgebissen haben oder sich die Hände nicht schmutzig machen wollen.

Hier wird Coaching instrumentalisiert. Was regelmäßig nach hinten losgeht: Eine zwangs-gecoachte Führungskraft wird niemals reuevoll auf die Unternehmenslinie zurückzukehren, sondern eher die Kündigung einreichen. Beratung, schreibt Coaching-Experte Hans-Jürgen Seel, »darf keineswegs als getarnter Verkauf oder als »sanfte« Durchsetzung von anderswo bereits getroffenen Entscheidungen daherkommen.«[89] Jeder Vorstoß in eine solche Richtung zerstöre die offene Kommunikation, zerstöre Vertrauen und mache damit eine gelingende Beratung unmöglich. Coaching sei eben nicht der verlängerte Arm des Managements — Coaching müsse immer ergebnisoffen sein. Radikal frei.

Weil ein konsequentes und professionelles Coaching ergebnisoffen und eben *nicht* an den Interessen eines Unternehmens orientiert sein sollte, ist auch die Vorstellung irreführend, in Zukunft spielten Führungskräfte eben nicht mehr als Autoritäten »an der Spitze« eine Rolle, sondern als Coaches »von der Seite«. *Laterales* Führen heißt das in Fachkreisen breit diskutierte Stichwort an dieser Stelle. Coaching im engen und strengen Sinne ist das aber nicht.

Denn: Wie sollte eine Führungskraft ergebnisoffen und im Hinblick auf die Anliegen eines Mitarbeiters coachen, wenn sie sich doch selbst mit allen ihren Entscheidungen den Interessen des Unternehmens verpflichtet hat? Warum sollte sich ein Mitarbeiter mit allen seinen Anliegen einer Führungskraft anvertrauen, wenn er sich nicht auf dessen Selbstverpflichtung verlassen kann, über die Coaching-Inhalte zu schweigen?

Was Coaching kostet

Stellt sich gleich die nächste Frage: Wenn das beste Coaching für mich möglicherweise nicht durch meinen Vorgesetzten geleistet werden kann und auch nicht im Fortbildungskatalog des eigenen Unternehmens steht — muss ich es dann selbst finanzieren? Nicht unbedingt. Manches Unternehmen zahlt auch externes Coaching. Sehr häufig aber übernehmen High Performer die Kosten freiwillig selbst, nicht zuletzt deshalb, weil sie intern nicht als jemand gelten möchten, der Beratung benötigt.

---

89 Seel, a.a.O., Seite 29

Was exakt ein Coaching kostet, ist Verhandlungssache. Eine Stunde Business-Coaching startet bei rund 150 bis 300 Euro pro Stunde in der einfachen Kategorie, wer zu den Stars der Branche geht, landet schnell bei vierstelligen Beträgen, und wer sich ganz exklusiv von Ex-DAX-CEOs auf privaten Mittelmeer-Fincas beraten lässt, der zahlt auch fünfstellig. Auch hier gilt wieder: Niemals nur Webseiten lesen, immer persönliche Empfehlungen einholen.

4.3   Coaching – aber richtig

High Performance Coaching ist also eine hohe Investition in die eigene Persönlichkeitsentwicklung. Geht es nicht auch ohne? Siemens-Vorstand Janina Kugel sagt: Nein. High Performer brauchen einen starken Sparring Partner.

> *»Selbstzweifel sind manchmal anstrengend, ja, die tun auch manchmal weh. Aber die Besten, diejenigen, die ich als echte Leader bezeichnen würde, haben nie vergessen, sich selbst zu hinterfragen. In dem Moment, in dem Sie das nicht mehr tun, leidet die Leistung. Sie brauchen Leute um sich, die unangenehme Wahrheiten aussprechen.«*[90]

High Performer brauchen ein Gegenüber

Noch einmal: In einem High Performance Coaching geht es nicht darum, zusätzlichen Druck aufzubauen und den Betreffenden dazu anzuhalten, noch länger, noch besser und schneller im Hamsterrad zu hetzen. Hinter High Performance steht eine völlig andere Haltung: Ein selbst aus völlig freien Stücken gesetztes, vor allem ein subjektiv sinnvolles Ziel, das eine Richtung vorgibt.

Um dieses Ziel geht es im Coaching. Es geht um ein Öffnen möglicher Perspektiven, um ein Vervielfachen der vorstellbaren Optionen, das eigene Leben zu gestalten.

High Performance ruht auf der Basis von Freiheit. Steht hinter einem Menschen ein »Muss« — vielleicht die knallharte Pflichtethik früherer Generationen, vielleicht unreflektierte Erfolgsmantras aus anderen Quellen, vielleicht auch verinnerlichte Machtstrukturen aus dem eigenen Unternehmen — wird also ein Mensch von einem »Muss« blind vorangetrieben, kann er vielleicht große Leistungen vollbringen. Zu einem anderen, für ihn viel wertvolleren weil eigenem Lebenswerk aber wäre er in der Lage, wenn er sich nicht wie ein

90 In: Meck, Georg: »Mädels, studiert Mathe!« Frankfurter Allgemeine Sonntagszeitung vom 15. Januar 2017

Hochleistungsroboter auf einer von anderen vorgezeichneten Spur bewegen würde, sondern, radikal frei, auf seinem eigenen Weg an die Spitze.

Die Maske wegblasen

Wer zu mir ins Coaching kommt, der muss sich schon einmal ein hartes Feedback anhören. Ich bin im Coaching prinzipiell nicht »nett«. Nett sein kann ich zwar auch, bringt im Coaching aber nichts. Zumindest nicht mit High Performern, so meine Erfahrung. In meinen Coachings arbeite ich mit Provokationen, mit Irritationen. Ganz einfach deshalb, weil sich bei größtmöglichem Gegenwind am schnellsten all die professionellen Habitus-Fassadenstücke verabschieden, hinter denen Kandidaten sich im Laufe ihres Berufslebens zu verstecken gelernt haben. Aus Selbstschutz und weil es alle so machen. Verstehe ich ja. Interessiert mich aber nicht. Ich reiße die Masken ab.

Im Coaching will ich die Person erleben, die vor mir sitzt. Mit all ihren Schwächen und Unsicherheiten, Untiefen und Abgründen. Aber auch mit all der Leidenschaft, der Kompetenz und den Begabungen, die sie an die Position gebracht hat, von der aus sie heute agiert: hohe Führungsebene, CEO, Noch-nicht-ganz-CEO oder Gerade-eben-nicht-mehr-CEO. Da muss eine Menge Potential sein, sonst säßen diese Menschen nicht auf meinem schwarzen Sessel. Dieses Potential muss ich glasklar erkennen. Deshalb kann ich keinerlei Verbrämung gebrauchen, deshalb schalte ich den Gegenwind auf die höchstmögliche Stufe. Vor allem dann, wenn Kandidaten gerade ihren Job verloren haben. (Wie ich in Gesprächen mit Kandidaten agiere, beschreibe ich im Detail in meinem Buch »Kandidaten lesen«.)

Um diesen Kandidaten den Ernst ihrer Lage zu verdeutlichen, schenke ich ihnen manchmal den Film »Company Men« (2010). Drei Männer verlieren ihren Job und damit auch Schritt für Schritt den Glauben an den amerikanischen Traum, der sich um Haus, Autos und Jobtitel dreht. Immerhin dämmert es ihnen, dass es im Leben nicht nur den einen Weg an die eine Spitze gibt. Typischerweise drücken sich die Kandidaten einige Woche darum herum, diesen Film zu schauen. Wenn sie sich eines Freitagabends dann doch mal hinsetzen, klingelt in der kommenden Woche mein Telefon erst einmal nicht. Nach zwei oder drei Wochen ist der Schock dann überwunden und der Weg ist frei, über alternative Perspektiven nachzudenken.

Es ist mir bewusst, dass ich einen Beratungsansatz verfolge, der in dieser Form nirgendwo gelehrt und auch nirgendwo mit einem Zertifikat versehen wird. Ich habe gute Gründe für diesen Sonderweg — und die eine oder andere Positionierung auf höchster Ebene zeigt denn auch, dass ich mit dieser Methode so falsch nicht liegen kann.

Transitiv, reflexiv, provokativ

In der hiesigen Coaching-Landschaft werden zwei Ansätze unterschieden: Dies sind auf der einen transitive und auf der anderen Seite reflexive Formen der Beratung.

- In der *transitiven* Beratung steht die Weitergabe von Fachwissen im Vordergrund.
- Bei der *reflexiven* Beratung geht es um die Klärung von Lebensentwürfen, Beziehungen, Sinnfragen. Auf einer weiteren Abstraktionsebene können auch Coachingmethoden, also die gemeinsame Reflexion selbst reflektiert werden, mit Fragen wie: »Ist dieser Selbstoptimierungsansatz für mich wirklich sinnvoll?«

Ich praktiziere beides nicht in Reinform, ich habe meinen eigenen Weg gefunden, indem ich ein provokatives Element eingefügt habe. Ich gehe vier Schritte:

1. Provokativ: Kandidaten lesen

Im ersten Schritt erarbeite ich zusammen mit dem Kandidaten folgende Fragen (ich sage bewusst »Kandidat« statt »Klient«, weil theoretisch jeder Coachingprozess in einen Vermittlungsprozess münden kann):

- Woher kommt der Kandidat?
- Welche strategischen oder büropolitischen Pannen sind vorgefallen?
- Welche Krisen hat oder hatte er zu bewältigen?
- Welche Haltung hat er kultiviert?
- Wo will er hin und warum?
- Ordnet er sich den bestehenden unternehmerischen Machtstrukturen und Gewinninteressen unter?
- Ordnet er sich den Statusinteressen der eigenen Familie unter?
- Lässt er sich also vor den Karren eines Anderen spannen …
- … oder geht er seinen eigenen Weg?

2. Reflexiv: Die neue Richtung ausloten

Im zweiten Schritt geht es darum, gemeinsam mit dem High Performer einen Weg Richtung radikale Freiheit zu erschließen. Das Ergebnis kann die Entscheidung für einen weiteren Aufstieg sein. Es kann aber auch sein, dass sich ein Ausscheren aus klassischen Karrierewegen als bisher unentdeckter Wunsch entpuppt. Oder sich der Kandidat zum Ausstieg aus dem Berufsleben entscheidet. Alles ist möglich für High Performer — das macht die Coaching-Gespräche mit ihnen so spannend.

- Was also ist das Geheimnis hinter der High Performance?
- Und in welche Richtung könnte der Weg weiter gehen?

3. Der Schüssel: Passung herstellen

Im nächsten Schritt stelle ich den Gegenwind Richtung Kandidat ab und analysiere ihn durch die Brille möglicher Unternehmen. Zu welchem meiner Suchaufträge könnte der Kandidat passen? Wenn ich von kommenden Branchenentwicklungen, geplanten Fusionen oder Bestrebungen bestimmter Unternehmen weiß, Geschäftsfelder zu erweitern, ziehe ich an dieser Stelle auch in Erwägung, über konkrete Suchaufträge hinaus Kontakte herzustellen. Darüber hinaus aktiviert der Kandidat auch seine eigenen Netzwerke. Was viele nicht wissen: Auf dem Weg zur Spitze spielen nicht nur die direkten Kontakte eine entscheidende Rolle, sondern mehr noch die Kontakte zweiten Grades: Die relevanten Player im Netzwerk Ihrer relevanten Geschäftspartner, Kollegen und Freunde.

Es geht jetzt darum, eine perfekte Passung herzustellen. Dabei ist es mir bewusst, dass die Formulierung »Passung herstellen« absolut technisch klingt. Das nehme ich in Kauf, denn an dieser Stelle haben wir es mit einer strategischen Entscheidung zu tun. Strategie ist immer rational.

4. Transitiv: Habitus-Wissen vermitteln

Im nächsten Schritt geht es darum, eine sichere Kommunikationsbasis herzustellen. So entsteht beim suchenden Unternehmen Vertrauen und eine »Qualitätsvermutung« in Bezug auf den Kandidaten. Denn unabhängig von dem, was ein Kandidat wirklich kann, schätzt jeder Personaler und jeder Geschäftsführer jeden Anwärter auf einen hoch dotierten Job in der ersten Sekunde vor allem anhand von Äußerlichkeiten ein. Passt er oder passt er nicht? Das ist sehr schnell entschieden.

Machen wir uns nichts vor: Das macht jeder von uns, und das machen wir zumeist unbewusst. Ich setze diesen Schritt bewusst ein: Stelle ich einen Kandidaten bei einem status- und designorientierten Unternehmen vor, trage ich im Vorfeld dafür Sorge, dass dieser Kandidat in einem entsprechenden Outfit anreist, mit den sprachlichen Gepflogenheiten des Unternehmens und vor allem mit der Haltung, also mit der unausgesprochenen Ethik eines Unternehmens vertraut ist.

Geht es um den ersten Kontakt zwischen einem Kandidaten und einem Start-up, plädiere ich für den entsprechenden Look mit Kaschmir-Pulli, Edeljeans und Sneakers und einen lockeren Umgangston. Zum mittelständischen Schraubenhersteller im Schwäbischen muss es entsprechend der dort herrschenden Ästhetik unprätentiös, gebügelt aber doch mit Krawatte zugehen. »Sie« versteht sich von selbst.

Um Missverständnisse gleich auszuräumen: Das hat überhaupt nichts mit Manipulation zu tun, es handelt sich lediglich um eine Übersetzungshilfe zwischen suchendem Unternehmen und suchendem Kandidaten. Es geht auch nicht um ein bewusstes »Verbiegen« eines Kandidaten: Wer sich für ein bestimmtes Unternehmen entschieden hat, wird ohnehin seinen Habitus so anpassen, dass er sich langfristig mit diesem neuen Arbeitgeber kongruent fühlt.

Warum nun nenne ich diesen Teil meines Coachings »transitiv«? Weil es sich um Fachwissen handelt. Das von mir vermittelte Fachwissen ist Habitus-Wissen. Mit dem französischen Sozialforscher Pierre Bourdieu gesprochen handelt es sich um eine Lektion zum Thema »Symbolisches Kapital« mit dem Ziel, Anschlussfähigkeit herzustellen.

Man kann sich das Prozedere ein wenig vorstellen wie ein Casting in Hollywood: Der Kandidat muss eben nicht nur mit seinen Kompetenzen, sondern tatsächlich mit allen Aspekten seiner Person — und dazu gehören auch Stimme, Sprache und physische Erscheinung, Krawatte, Uhr und Schuhwerk — perfekt zu dem Movie passen, in dem er mitspielen soll.

Das kann Ihnen und hiesigen Coaching-Verbänden nun gefallen oder nicht. In der Medizin würde man sagen: Wer heilt, hat Recht. Ich sage: Wer erfolgreich vermittelt, hat Recht.

Dazu muss man wissen: Eine Vermittlung gilt nur dann als erfolgreich, wenn ein Kandidat über einen vereinbarten Zeitpunkt hinaus im Unternehmen bleibt und sich dort bewährt. Also High Performance liefert.

Heiße Luft in Prada-Tüte reicht heute nicht mehr aus. Sie entweicht zu schnell und dann bleibt nichts übrig als eine billige Oberfläche. Oberfläche reicht heute aber nicht. Was es braucht, ist eine starke Haltung. Rückgrat. Reflexionsfähigkeit.

Vor allem reicht heiße Luft für heutige High Performer nicht aus, wenn sie sich über Jahre an der Spitze halten und dort immer weiter profilieren wollen. An der Spitze angekommen geht es um die Kunst des Networkings und Mentorings, es geht um den Umgang mit Macht, es geht von nun an noch mehr als zuvor um radikale, innere Freiheit.

Eine Freiheit, die immer auch andere Optionen zu denken ermöglicht: Neben »weiter auf dem Weg an die Spitze« eben auch die Option, ein eigenes Unternehmen zu gründen, auszusteigen oder die eigenen Energien und Erfahrungen in völlig neue Felder zu lenken: Stiftungen, NGOs oder Politik.

Um diese Punkte wird es im folgenden Kapitel gehen.

Viertes Fazit

Verschwiegene Navigationshelfer: Noch vor einer Dekade galt derjenige, der sich auf seinem Weg zu einer Sitzung mit seinem Coach erwischen ließ, als gescheiterte Existenz. Heute lassen sich die meisten High Performer ganz selbstverständlich von persönlichen Coaches unterstützen. In etlichen Unternehmen gilt Coaching sogar als Auszeichnung. Wichtig für ein wirksames Coaching ist, dass es nicht nur um den Berufsweg an die Spitze geht, sondern um das ganze Leben des Coachees. Und wirksam ist Coaching vor allem dann, wenn der Coachee Lösungswege selbst entwickelt. Diese Lösungen können Karrierekrisen betreffen, Reputationsfragen, Stressbewältigung sowie Leistungsfähigkeit – und nicht zuletzt die Entwicklung von innerer Freiheit.

Wildwuchs am Coachingmarkt: Mit dem wachsenden Coaching-Markt ist es zu einer Vermassung und Verwässerung des Angebots gekommen. Nicht wenige Anbieter sind schlecht bis gar nicht ausgebildet, verstehen also zum Beispiel nichts von Übertragung und Gegenübertragung, von Depression und Burnout. Sie richten im Zweifelsfall mehr Schaden an, als dass sie nutzen. Etliche Coaches bieten Beratung „nur" nebenher an – aufgrund ihrer anderen Kompetenzen können diese aber gerade die besten sein. Die aktuelle Tendenz etlicher Unternehmen, eigene Führungskräfte als Coaches einzusetzen, ist durchaus kritisch einzuschätzen: Coaching sollte ergebnisoffen sowie an den Interessen und Anliegen des Coachees orientiert sein. Wenn eine Führungskraft in einem Unternehmen selbst als Coach agiert, ist sie aber diesem verpflichtet. Somit ist Coaching in einem solchen Fall nichts anderes als verkappte Führung.

Coaching – aber richtig: Im High-Performance-Coaching steht Freiheit im Mittelpunkt. Es geht darum, neue Perspektiven zu öffnen und ein sinnvolles Ziel zu entwickeln. Und zwar völlig unabhängig von überkommenen Vorstellungen von Erfolg, Macht und Anerkennung.

In meinen eigenen Coachings gehe ich mit High Performern vier Schritte: Zuerst geht es darum, den Kandidaten zu „lesen", ihn also mit all seinen Kompetenzen, Abgründen und in seiner Haltung zu verstehen (1). Dann steht Reflexion in Mittelpunkt: Wohin soll der Karriereweg führen (2)? Im nächsten Schritt versuche ich, die richtige Passung zu einem möglichen Unternehmen herzustellen (3). Und schließlich vermittle ich im Detail das Habitus-Wissen, das der Kandidat unbedingt haben muss, um eine sichere, langfristig tragfähige Kommunikationsbasis herzustellen.

V. An der Spitze: Wie geht es weiter, wenn man oben ist?

Der Weg an die Spitze ist steinig – noch härter aber ist es, auf Dauer auch oben zu bleiben. Zu den neuen Herausforderungen gehört das Bändigen des eigenen Egos genauso wie das Aufspüren versteckter Machtzirkel. Außerdem gilt es, Netzwerke aufzuschließen und Mentoren zu finden. Wem das nicht behagen oder nicht gelingen will, dem öffnen sich an dieser Stelle weitere Wege an die Spitze: In der eigenen Firma, in einem neuen Job mit Sinn oder ... auf der Marathonstrecke.

5.1 Den Berg im Blick behalten

Der Weg an die Spitze kann sehr lang, sehr hart und sehr steinig sein.
Oft findet ein High Performer seine persönliche Spitze nicht da, wo er sie
eigentlich erreichen wollte. Nicht an der Spitze eines Konzerns zum Beispiel, sondern schließlich im Führungskreis eines Mittelständlers. Nicht
auf der Top-Ebene einer der hiesigen, großen Marken, sondern im internationalen Business: Etwa an der Spitze einer Niederlassung im Ausland
oder an der Spitze eines ausländischen Unternehmens, das sich gerade den
deutschen Markt erschließt. Oder an der Spitze eines eigenen Unternehmens.
Manchmal passiert es auch, dass der letzte Schritt zur lange angestrebten
Spitze erst dann passiert, wenn man nicht mehr daran geglaubt hat:

*Den Schlussstrich unter seine Konzernkarriere hatte er längst gezogen. Spätestens an
dem Tag, als man ihm alle interessanten Verantwortungsbereiche weggenommen und
ihn auf eine Stabsstelle geparkt hatte. »Frühstücksdirektor« stand nicht auf seiner
Visitenkarte, aber es ging in die Richtung. Viele Jahre, Jahrzehnte sogar war er als
Ingenieur sehr erfolgreich, er hatte dann die Fachexperten-Rolle gegen die Rolle der
Führungskraft eingetauscht, wähnte sich schon an der Spitze, lief aber plötzlich auf
Grund. »Umgangston ruppig«, erklärt er mir im Coaching. »Verstehe ich nicht. Das
ist doch mein Erfolgsrezept! Wer unter mir arbeitet, der arbeitet richtig! Der bringt
Ergebnisse statt nur Geschwätz!« »Und jetzt?«, frage ich. »Ich mache mich selbständig.
Ich baue ein eigenes Unternehmen auf.« »Als Ingenieur sind Sie gut, das heißt aber
noch lange nicht, dass sie ein Unternehmen aufbauen und dass Sie eigene Mitarbeiter
führen können«, wende ich ein. »Warum nicht!?«, herrscht mich mein Besucher an.
»Mit Ihrem Naturell passen Sie in die Old Economy. Sie werden keine exzellenten,
jungen Leute finden, die Lust haben auf Ihren Stil.« »WARUM NICHT!?«, bellt er los.
»Hören Sie sich doch selbst zu«, sage ich ruhig. »Lassen Sie uns in zwei Wochen weiter
sprechen.«*

*Wenige Tage später klingelt mein Telefon. »DAS GLAUBEN SIE NICHT«, dröhnt es so
laut, dass ich das Telefon auf der Tischplatte liegen lasse. »MEIN CEO HAT ANGERUFEN!
SIE WOLLEN MICH AN DER SPITZE!!!«*

Was war passiert? Im Konzern hatte es etliche Bauernopfer gegeben. Massive
Umstrukturierungen standen an, die Gesamtlage war extrem schwierig,
die Stimmung am Boden, es musste schnell gehen. Da wünschte man sich

einen unbequemen Querkopf an der Spitze, einen Durchregierer, eine Dampfwalze. Mein Coachee griff nicht sofort zu — die Kränkungen aus den Vorjahren saßen zu tief. Schließlich fand er einen Weg: Er willigte ein mit der Perspektive, nur eine Handvoll Jahre an der Spitze zu stehen und dann komplett auszusteigen. Und ich willigte ein, ihn als Dialogpartner dabei zu begleiten.

Das Ego bändigen

Endlich oben angekommen erleben etliche High Performer einen Ernüchterung: Der Weg war hart, aber am lang ersehnten Platz oben an der Sonne ist nicht »endlich alles gut«. Es kehrt keine Ruhe ein, sondern genau das Gegenteil: Konkurrenten sägen an allen Stuhlbeinen, die Kommunikation mit ehemals vertrauten Kollegen bricht ab, es gilt, Entscheidungen in extrem komplexen Umwelten zu treffen. Sicherheiten gibt es nicht, auch keine für die eigene Person. Viele der Strategien, die sich auf dem Weg nach oben als erfolgreich erwiesen haben, gelten jetzt nicht mehr:

> *»Um an die Spitze zu kommen, ist ein großes Ego notwendig«, schreiben Assig/Echter. »Um an der Spitze zu bleiben, muss das Ego unter Kontrolle gebracht werden. Wenn dort die Konzentration auf das Ego zu stark wird, wenden sich Menschen enttäuscht ab.«*[91]

War es auf dem Weg nach oben hilfreich, den Anteil der eigenen Leistung besonders herauszustellen, so wirkt genau das jetzt demotivierend auf nachfolgende Kader und Mitarbeiter: Jetzt gilt es, die Leistung von Führungs- und Fachkräften anzuerkennen, Dankbarkeit zu formulieren, stolz nicht mehr nur auf sich selbst zu sein, sondern auf andere. Jetzt gilt es, Kritiker nicht mehr gezielt mundtot zu machen, sondern sie offensiv einzuladen, um von ihnen zu lernen.

Vor allem entscheidet sich jetzt, ob der Antrieb auf dem Weg an die Spitze hauptsächlich die Inszenierung des eigenen Egos war oder ob es eine größere und stärkere Motivation gibt. Der Wille zu einem Lebenswerk, das weit über die eigene Eitelkeit, die Lust an Statussymbolen und am Zutritt zu VIP-Lounges hinausweist.

Die besten unter den High Performern folgen einer solchen Mission. Und sie haben es leichter, nachfolgende Führungskräfte und Mitarbeiter mit ihrer Leidenschaft anzustecken. An einer großen Mission teilzuhaben, weckt

91 Assig/Echter, a.a.O., Seite 228

große Motivation und macht den Weg frei für wertvolle Beziehungen, sogar für Freundschaften auf höchster Ebene. Die Mission bringt Reputation.

Einem großen Ego zu dienen, spornt weniger an. Ein allzu aufgeblähtes Ego bringt vielleicht Status, aber keine nachhaltige Reputation.

An der Spitze kommt es also darauf an, sehr schnell von der High-Performer-Gewinner-Pose zu wechseln in einen Habitus der Souveränität und sogar Demut. Der ehemalige US-Präsident Barack Obama hat dies mit Bravour vorgeführt — sein Nachfolger Donald Trump geht einen anderen Weg. In den ersten Wochen nach seiner Wahl sah es so aus: Statt sein Ego unter Kontrolle zu bringen, strebte er danach, die Welt unter die Kontrolle seines Egos zu bringen.

Der dunklen Seite der Macht widerstehen

Es kommt gar nicht so selten vor: Je mehr Macht ein High Performer gewinnt, desto mehr überschätzt er sich selbst, desto höhere Risiken geht er ein, desto eher lässt er andere Meinungen unter den Tisch fallen und desto weniger ist er fähig und bereit, sich in die Lage derjenigen zu versetzen, die weniger oder kaum Macht haben: Mitarbeiter der unteren Ebenen … und Kunden.

»Personen mit und ohne Macht bewohnen völlig unterschiedliche Welten — und erschaffen diese auch durch ihr eigenes Verhalten«, so der Sozialpsychologe Dacher Keltner von der University of California in Berkeley. Seiner Einschätzung nach gibt es so etwas wie ein »Paradoxon der Macht«. Wenn jemand auf dem Weg an die Spitze erfolgreich war, eben weil er Risiken richtig eingeschätzt hat, weil er im richtigen Moment kooperiert und zugehört hat, so können diese Fähigkeiten an der Spitze verloren gehen.

Ob jemand an der Spitze von seinem eigenen, übergroßen Ego zu Fall gebracht wird oder nicht, ist letztendlich eine Frage der inneren Haltung: So bringt ein Zugewinn an Macht nur bei denjenigen High Performern die dunkle Seite der Persönlichkeit zum Vorschein — im schlechtesten Falle die dunkle Triade aus Narzissmus, Psychopathie und Macchiavellismus —, wenn diese auch zuvor schon existiert hat. Ein ausgleichender High Performer mit einem hohen Anspruch an Fairness, Integrität und Perfektion wird einen anderen Weg gehen und auch in seinen persönlich erfolgreichsten Momenten immer den gesamten Berg im Blick behalten können. Macht kann korrumpieren. Sie muss es aber nicht.

Versteckte Machtzirkel aufspüren

Im Kreis der Mächtigen herrschen oft andere Regeln als in den Ebenen darunter. Wie kleidet man sich zu welcher Gelegenheit? Welcher Humor ist bei welchem Anlass erlaubt und sogar gefordert? Mit wem hält man Kontakt und wer ist *persona non grata*? Welchen Platz nimmt wer am Konferenztisch ein? Welche Argumente gelten in Diskussionen als relevant und welche nicht? Welche Redezeit steht wem zu?

Wie genau diese Regeln aussehen, das ist von Unternehmen zu Unternehmen verschieden! Die Kunst für den »Aufsteiger« besteht darin, diese Regeln in kürzester Zeit zu durchschauen und anzuwenden. Oder Berater ausfindig zu machen, die den innersten Zirkel der Macht schon selbst in Aktion erlebt und den dort herrschenden Habitus studiert haben.

Apropos Zirkel der Macht: In vielen Fällen zählt nicht genau der Personenkreis dazu, den man vermutet hätte. Mancher steht offiziell im Organigramm an der Spitze, ist aber längst in Ungnade gefallen. Andere haben die Fäden in der Hand, ohne im Organigramm genannt zu werden.

Es ist für das Überleben an der Spitze absolut und existenziell wichtig, die Player im innersten Zirkel der Macht zu kennen. Sie müssen unbedingt herausfinden, wo welche Fäden zusammenlaufen und wer wen wie beeinflusst. Manchmal sind die vordergründig herrschenden Player nicht viel mehr als Marionetten in der Hand von Investoren. Oder in der Hand älterer Generationen – oft der Gründer selbst – die die Macht nicht abgeben wollen. Was kein neues Phänomen ist. Blick zurück ins 17. Jahrhundert:

Von Richelieu heißt es, dass er gleich zu Beginn seiner Karriere das wahre Zentrum der Macht erkannte. Nicht König Ludwig XIII zog die Fäden, sondern seine Mutter, notiert Machtexperte Robert Greene: »Und so heftete er sich an ihre Fersen und katapultierte sich durch die Ränge der Höflinge hinaus bis ganz oben.«[92]

92 Greene, Robert: Power, a.a.O., Seite 225

5.2 Endlich beim Spitzentreffen

Mit „Spitze" ist in erster Linie die Spitze eines Unternehmens gemeint. Anders als oft kolportiert, ist es dort oben nicht einsam. Wer dort angekommen ist, hat es mit Vertretern sehr vieler Spitzen zu tun, muss sich in dünner Luft unter Seinesgleichen behaupten, kann aber auch von der dort versammelten Kompetenz und dem exklusiven Netzwerk profitieren, wie es Siemens-Vorstand Janina Kugel ausdrückt:

> »Ein einzelner Manager kann die Komplexität heute nur beherrschen, wenn er oder sie ein Netzwerk einbindet, ob innerhalb oder außerhalb des Unternehmens. Das bedeutet: Wir müssen raus aus dem hierarchischen Denken.«[93]

Das ist leichter gesagt als getan. Denn das Finden der richtigen Mentoren und das Knüpfen tragfähiger Netzwerke ist eine Kunst — und absolut erfolgsentscheidend auf dem Weg an die Spitze.

Die unheimliche Macht der heimlichen Torhüter

Er kommt in jedem Mythos vor, in jedem Hollywood-Film und auch in jeder großen Karriere: Der Mentor. Der Mentor schiebt den Helden gewissermaßen an, bis er es schließlich wagt, seine »Heldenreise« anzutreten und sich ins Abenteuer zu stürzen.

Jeder High Performer ist nur deshalb zu einem solchen geworden, weil er auf seinem Weg einen oder mehrere Mentoren getroffen hat. Die Ermutigung spielt im Business sicherlich auch eine Rolle, viel entscheidender aber ist der Mentor als Türöffner zu exklusiven Netzwerken und als Fürsprecher, wenn es um die Besetzung hochkarätiger Positionen geht.

> Opel soll an den Pariser Autohersteller PSA Peugeot Citroen verkauft werden (Stand Juni 2017). Im Hintergrund lief etwas ab, was durchaus vergleichbar ist mit einer »Heldenreise«. Carlos Tavares galt im Unternehmen lange als »der kleine Carlos«. Er hatte sich bei Renault hochgedient unter seinem Mentor, dem »großen Carlos« – gemeint ist Carlos Ghosn. Der hatte ihn für einige Jahre zum Schwesterkonzern nach Japan geschickt, zu Nissan.

---

93 Meck, Georg: »Mädels, studiert Mathe!«, a.a.O.

Hier, so heißt es, habe er zwei entscheidende Dinge gelernt: Einen Konzern sanieren und zwei unterschiedliche Kulturen integrieren – in diesem Fall die japanische und die französische.

Zurück im Konzern steigt Carlos Tavares zur Nummer zwei auf. Vor seiner Nase sitzt nur noch der »große Carlos«. Und der hat keine Lust auf jemanden, der öffentlich in Interviews sagt: »Es gibt den Moment, da haben Sie Energie und Appetit, die Nummer eins zu werden.« In diesem Augenblick ist Schluss mit Mentoring. Der große wirft den kleinen Carlos raus, Tavares geht.

Und erklimmt die Spitze woanders: 2013 wird Tavares Chef von PSA. Das Unternehmen steht kurz vor der Insolvenz – und der »kleine Carlos« reißt das Steuer herum. Der Turnaround gelingt. Wenn er Opel kauft, macht er PSA damit größer als Renault. »Der große Carlos, das ist jetzt er«, schreibt die Süddeutsche.[94]

Es gibt keine große Karriere, die durch einen luftleeren Raum an die Spitze geführt hat. Es ist immer ein Mentor, oft sind sogar mehrere Mentoren beteiligt, die den Weg freimachen. Dass der einstige Mentor irgendwann überholt wird, das muss nicht so sein.

Zugang zu den Top-Netzwerken

Ich beobachte es immer wieder, dass sich über Jahre und Jahrzehnte bestimmte Kreise in der Top-Liga ausbilden, die eng zusammenhalten. Man kennt sich häufig schon seit Studienzeiten, kommt regelmäßig zu offiziellen oder inoffiziellen Events zusammen. Früher waren das die inoffiziellen Treffen zum Fleischküchle-Essen in den Hinterzimmern von Gaststätten, in denen niemand hochkarätige Gäste vermutet. Heute sind High Performer eher via Smartphone in Kontakt. Ihre Netzwerke sind nicht mehr zwingend an Zeiten und Orte gebunden.

Für mich sind derartige Zirkel einerseits hochinteressant, und ich schätze mich glücklich, zu einigen dieser Zirkel Zugang zu haben. Andererseits unterlaufen diese Communities gelegentlich mein Business: Diese Liga braucht nicht zwingend einen Peronalberater zur Besetzung interessanter Positionen. Die Jobs werden im eigenen Netzwerk verteilt. Die Öffentlichkeit erfährt erst von einem Wechsel, wenn die Verträge längst unterzeichnet sind.

---

94 Klimm, Leo: Dieser Mann will Opel umkrempeln. In: Süddeutsche Zeitung vom 07.03.2017; www.sueddeutsche.de (www.sueddeutsche.de/wirtschaft/mittwochs-portraet-carlos-der-grosse-1.3408434)

Wie aber wird man Teil solcher Netzwerke? Erzwingen kann man es nicht. Sich hineinkaufen kann man auch nicht. Anrufen kann man auch nicht. Wenn überhaupt, dann wird man irgendwann angesprochen: »Wir sind auf Sie aufmerksam geworden…«

Meiner Erfahrung nach sind die ganz besonders gut vernetzten, ganz besonders interessanten Persönlichkeiten so gut wie niemals Teil formalisierter Zirkel oder Teil der Business-Netzwerke, die gelegentlich von Medienhäusern ins Leben gerufen werden. Wenn überhaupt, dann laden diese Menschen selbst ein. Privat. Diskret.

Daneben gibt es interessante, öffentlich bekannte Zirkel, in die man gewählt werden kann: etwa der Kreis der »Young Global Leader«. Dieser Kreis wird von Talentscouts des Weltwirtschaftsforums (WEF) in Davos bestückt. Jedes Jahr 100 High Performer, alle jünger als 40 Jahre. Andere offizielle und hoch exklusive Netzwerke sind die »Baden-Badener Unternehmergespräche«, für die deutsch-französische Verständigung setzt sich der »Evian-Kreis« ein, Transatlantiker stellen die »Atlantik-Brücke«, die Bergsteiger unter den High Performern gingen früher zu den »Similaunern«.

Gerade jüngere Führungskräfte finden aber den WEF-Club besonders spannend. Man trifft sich nicht nur in Davos, öffnet sich gegenseitig Türen, bewirtet sich gegenseitig und fädelt Geschäfte ein, während jeder seinen eigenen Karriereweg weiter geht. Je früher der Start Richtung Spitze, desto besser das Netzwerk und desto steiler der Aufstieg, schreiben Bettina Weiguny und Georg Meck in der Frankfurter Allgemeinen Zeitung:

> *»Je jünger Freundschaften geschlossen werden, desto informeller, herzlicher und womöglich tragfähiger fallen sie aus. Wer einst mit dem jungen (…) Mark Zuckerberg an der Davoser Kaffee-Bar stand und Kontakt knüpfte, hat zu ihm womöglich einen anderen Draht, als wer sich ihm heute über das Vorzimmer nähert. Kontakte sind eine Währung, die zählt. Auch die Besten und Smartesten kommen nicht ohne aus.«*[95]

Ein tragfähiges Netzwerk wächst über Jahre, über Jahrzehnte. Es steht zusammen, weil jedes Mitglied es so will, nicht, weil es muss. Verbindende Elemente sind ähnliche Interessen, ähnliche Ziele, ein ähnliches *mindset,*

95 Meck, Georg; Weiguny, Bettina: Im Club der Weltveränderer. In: Frankfurter Allgemeine Zeitung vom 16.01.2017. (www.faz.net/aktuell/wirtschaft/weltwirtschaftsforum/weltwirtschaftsforum-davos-club-der-weltveraenderer-14651175.html)

Sympathie. Oft finden sich im engsten Zirkel noch Kontakte aus der Schul- und Studienzeit, die sich nach und nach immer weiter ausdehnen.

Manchmal bilden sich auch elitäre Netzwerke mit sonderbaren Aufnahme-kriterien oder rund um Spezialinteressen aus, über die dann auch im Wirtschaftsteil der Zeitungen nicht mehr berichtet wird — in denen aber dennoch fleißig Karrieren geschmiedet werden. Dazu gehören sicherlich der britische Oldtimer-Club »Bentley Boys«.

Dieser Club hat um die 100 Mitglieder und die Aufnahme ist sehr restriktiv. Um aufgenommen zu werden, braucht man einen Fürsprecher und einen Vorkriegs-Bentley. Wobei das erste Kriterium noch leichter zu erfüllen wäre als das zweite. Die Zahl der verfügbaren Karossen ist begrenzt, und wenn es mal einen Bentley am Markt gibt, dann ist der Erwerb recht kostspielig: Zwischen 300.000 und mehr als eine Million Euro kostet ein fahrtüchtiges Vorkriegsmodell — am teuersten sind die mit eigens verbürgter Renn- Biografie. Zum »Annual Dinner« sind nur Männer im Smoking zugelassen, Mitglieder und ausgewählte Gäste. Natürlich wird hier nicht nur über Motoren gesprochen, sondern über die individuellen Wege an die Spitze. Unter den Boys sind jede Menge hoch erfolgreiche Unternehmer, die sich sehr genau überlegen, wer hier mitreden darf.

Für den Zutritt besonders abgeschirmter und elitärer Zirkel gibt es kein Geheimrezept, sicherlich aber Erfahrungswerte. Meiner Einschätzung nach sind drei Faktoren ausschlaggebend dafür, ob die In-Group einen »Neuen« aufnimmt oder nicht:

1. Nutzen bieten

Ganz ohne Sympathie geht es sicher nicht — aber meine Erfahrung ist die: Sobald ein Mitglied eines Netzwerks einem anderen Mitglied einen relevanten Nutzen gebracht hat, entsteht eine Verbindung, die durchaus ein Leben lang anhalten kann. Dieser Nutzen muss nicht einmal ihm selbst zugute gekommen sein: Große Verbindlichkeit entsteht auch, wenn Türen für den Bruder, den Sohn oder die Tochter geöffnet werden konnten — wenn also etwas getan wurde, dass relevanten Anderen den Weg an die jeweils passende Spitze freigemacht hat.

So etwas geschieht natürlich mit einem Höchstmaß an Diskretion. Es wird anschließend auch nicht mehr darüber gesprochen, man kann aber sicher sein, dass das Gegenüber sich für diesen »Gefallen«, wie auch immer er aussah, bei Gelegenheit revanchieren wird.

2. Anerkennung schenken

Die Gepflogenheiten in einem informellen Netzwerk abseits der elitären Treffen im Davoser Schnee oder in den Oldtimer-Abgaswolken unweit von London sind ganz andere als die Gepflogenheiten in einem offiziellen Netzwerk oder diejenigen innerhalb eines Konzerns. Hier sägt der eine nicht am Stuhlbein des anderen, hier kommt auch niemand, weil er nicht anders kann. Informelle Communities leben davon, dass jeder ein Fan des Anderen ist. Entsprechend gelöst ist die Stimmung – Dankbarkeit und Großzügigkeit untereinander sind viel mehr verbreitet als Neid und Missgunst.[96]

3. Weiter vernetzen

Erfolgsentscheidend für den Zugang an hochkarätigen Netzwerken ist die Bereitschaft, das Netz gemeinsam permanent weiterzuspinnen. Dazu gehört, dass andere großzügig mit den eigenen Kontakten sind und wie der »große Carlos« einen »kleinen Carlos« eben mal an eine viel versprechende Adresse ins Ausland vermitteln.

Dazu gehört auch, das eigene Adressbuch für andere zu öffnen. Offenheit ist die erforderliche Währung – aber wie bei allen Investitionen gilt auch hier: Immer mit Bedacht investieren. Die eigenen Kontakte zu Kunden, Kollegen und Geschäftspartnern sind so etwas wie das Exoskelett des eigenen Unternehmens – sie geben Stabilität, Struktur und sorgen für den Fortbestand der ganzen Sache. Ohne diese Kontakte würde die eigene Firma in sich zusammenfallen.

Aus diesem Grund ist es so wichtig, die eigenen Kontakte nur an solche Netzwerkpartner weiterzugeben, die die eigene Struktur erweitern und stabilisieren helfen. Und das ist auch der Grund, warum ich den im ersten Kapitel beschriebenen Kandidaten, der mir für jeden Kontakt 1.000 Euro bieten wollte, eben nicht sofort in mein Netzwerk aufgenommen habe.

Es ist wie mit Autorität, wie mit Charisma – Reputation im Netzwerk kann man nicht einfordern, man kann sie nicht erzwingen, man kann sie nicht kaufen und es gibt auf dem Weg zu Reputation auch keine Abkürzung. Reputation muss wachsen – und Anerkennung durch Andere beruht ausschließlich auf Freiwilligkeit.

---

96 Assig/Echter, a.a.O., Seite 149

Die größten und wichtigsten Netzwerkpartner eines High Performers sind eben nicht von ihm abhängige Manager, Kollegen oder Kunden – sondern freie Player, die ihn aus freien Stücken unterstützen. Ein exzellentes Netzwerk wird niemals von Zwang zusammengehalten, sondern, um wieder auf diesen großen Begriff zurückzukommen: von radikaler Freiheit.

5.3 Plan B: Das eigene Unternehmen gründen

Nach der Krise gelingt einigen Kandidaten die Fortsetzung der Konzernkarriere nicht – andere wollen sie nicht weiterführen und wählen den Neustart unter eigener Flagge. Mit mehr Freiheit, aber auch mit mehr Verantwortung. Clemens Fischer ist ein High Performer par excellence, und er ist diesen Weg gegangen:

Als Grundschüler verkauft Clemens Fischer Karotten aus dem Keller, mit 17 gründet er eine Mobilfunkfirma, die er für mehrere Hunderttausend Mark verkauft. Er studiert Medizin plus BWL mit sehr gutem Abschluss, hängt noch Promotion und einen Harvard-MBA an.

2002 startet er bei Novartis durch: Erst als Senior Product Manager, dann als Mitglied der Geschäftsleitung Deutschland. Schließlich beginnt er sich zu langweilen. »Diese Konzernstrukturen, das war nichts für mich. Nur Absicherung, während kreative Ideen verschlafen werden«, erklärt er dem Magazin Spiegel.[97]

2007 nimmt Fischer am Wettbewerb „CEO of the Future" von McKinsey und dem Manager Magazin teil – und wird Erster von 5.000 Teilnehmern. Sofort rufen Großkonzerne wie Siemens an, auch McKinsey unterbreitet ein Jobangebot – doch Fischer will nicht.

Ende 2008 hängt er seinen Konzernjob an den Nagel und gründet 2009 seine eigene Firma: Dr. Fischer Gesundheitsprodukte in Gräfelfing/München. Nicht alles läuft glatt am Anfang, aber letztendlich bringt er sein eigenes Unternehmen auf Hochtouren: Bis heute hat er mehrere Unternehmen für Pharmaprodukte und Functional Food gegründet und zum Teil für dreistellige Millionenbeträge verkauft.

Fischer ist einer, der immer hungrig war nach Erfolg. Seinen Vater kennt er nicht, so heißt es im Spiegel, seine Mutter habe ihn im bayerischen Provinznest Murnau allein aufgezogen und immer gewollt, dass er etwas

---

97 Werle, Klaus: So werden Sie zum CEO, a.a.O.

Vernünftiges lerne. Nichts anderes hatte dieser High Performer im Sinn: »Ich wollte immer unbedingt in einem Großkonzern Karriere machen«.

CEO hätte er schon sehr viel früher werden können — doch die Herausforderung war ihm nicht groß genug. So hat Fischer seinen persönlichen Spitzenplatz unterwegs noch ein Stück weiter nach oben definiert. Er ist einer, bei dem »immer Feuerwerk« sein muss. High Performer mit einer Kombination aus sehr viel Fachkompetenz und grenzenlosem Erfolgswillen sind geradezu prädestiniert für die Gründung eines eigenen Unternehmens. Dennoch gilt vielen die Selbständigkeit als härtester Weg zur zweiten Karriere. Das hat mehrere Gründe:

1. Startkapital

Theoretisch kann sich heute jeder ein »Lean Start-up« zusammenklicken: Für eine Gründung reicht ein Wordpress mit einem E-Commerce-Plugin, schon steht der eigene Web-Shop. Buchhaltung, Produktion, Vertrieb — niemand muss das heute noch selbst stemmen, für all das gibt es externe Dienstleister. Theoretisch kann man heute auch nach Belegung eines AdWord-Kurses eine Mini-Agentur gründen. Meiner Erfahrung nach ist das aber nichts für High Performer. Die wollen größere Brötchen backen.

Um in ein Franchise-System einzusteigen oder eine bereits bestehende Firma zu kaufen, braucht es Kapital. Und das ist für CEOs nach einem Karriereknick eine ganz neue Erfahrung: Haben sie bisher die Millionen ihres Konzerns investiert und verwaltet, so geht es jetzt um das eigene Eingemachte. Nicht jeder kann damit so souverän umgehen.

Bei Gründern der etwas fortgeschrittenen Jahrgänge kommt noch etwas dazu: Die Banken verlangen neben dem Businessplan gleich auch noch einen Nachfolgeplan. Oder sagen gleich, dass sich die Investition für sie nicht mehr lohnt. Motivierend ist das nicht.

2. Von Null auf Hundert

Viele erfolgreiche Start-ups haben die ersten und härtesten Jahre ihres Unternehmens nur deshalb überlebt, weil sie sich selbst kein oder kaum Gehalt ausgezahlt und nahe am Existenzminimum gelebt haben. Was kein Problem darstellt mit Anfang 20, ohne Verpflichtungen, ohne Familie.

Steht das eigene Anwesen und ist die eigene Reputation dann doch mit einem bestimmten Lifestyle verknüpft, sieht die Sache komplizierter aus.

Nicht jeder hat die innere Freiheit zu einem radikalen Downgrading, um sich auf diese Weise seine zweite Karriere zu ermöglichen.

Und nicht jeder möchte es riskieren, mit 50 Pleite zu gehen. Wer mit 25 ein Unternehmen in den Sand setzt, der hat immerhin noch genügend Zeit, um nochmal ganz von vorne anzufangen. Das ist mit 50 nicht mehr so leicht auszubügeln.

3. Zweite Jugend?

Wer mit Ende 40, Anfang 50 gründet, der mag sich fühlen wie angekommen in einer zweiten Jugend und profitiert obendrein von einer Kompetenz und (Lebens-)Erfahrung die junge Gründer so gar nicht haben können. Dennoch: Lässt sich im etwas reiferen Alter wirklich noch der Biss, der unbedingte Erfolgswille und die Dynamik eines 20-Jährigen simulieren? Meiner Erfahrung nach: Nein. Eine Gründergaragengeschichte findet in diesem Alter praktisch nicht mehr statt, obwohl sie theoretisch möglich ist.

Dafür gibt es andere Wege: Beteiligungen, Franchising, Übernahme bereits erfolgreicher Unternehmen — wobei wir wieder beim Punkt »Startkapital« wären.

Plan C: »Send Me an Angel«

Es ist kein Geheimnis, dass High Performer finanziell oft schon ausgesorgt haben, lange bevor sie an ihrem angepeilten Ziel angekommen sind. Das ermöglicht Wege an ganz andere »Spitzen« im Bereich der Wirtschaft, aber auch außerhalb der Wirtschaft bei NGOs, Alumni-Netzwerken, Förderern von Museen und Opernhäusern oder Stiftungen. Die Möglichkeiten sind zahllos — an dieser Stelle möchte ich nur zwei Wege herausgreifen. Eine Karriere als

- Business Angel oder als
- Senior-Expert

Ein Business-Angel ist Mentor und Investor in Personalunion. Typischerweise verfügt er über ein hohes Fach- und Branchenwissen, außerdem über wertvolle Kontakte und Erfahrungen. Dies alles stellt er Existenzgründern zur Verfügung und hilft so beim Aufbau eines Start-ups. Im Gegenzug bekommt er Anteile des Unternehmens.

Als Business-Angel können High Performer jederzeit tätig werden, dazu müssen sie ihre eigentliche Karriere nicht aufgeben. Dennoch ist dies eine spannende Option für alle, die sich auf ihrem Weg an die Spitze mehr Austausch mit der jüngeren Unternehmergeneration und mehr »Job mit Sinn« wünschen. In Deutschland gibt es etliche Business Angel Vereinigungen, einer der größten sitzt in Frankfurt am Main (www.business-angels.de)

Was bei vielen High Performern nicht bekannt ist: Wer die Spitze längst erreicht hat und anschließend nach weiteren Herausforderungen sucht, der kann sich weltweit im Wortessinne »nützlich« machen. Der Senior Experten Service SES ist eine vom Bundesministerium für wirtschaftliche Zusammenarbeit und Entwicklung und vom Bundesministerium für Bildung und Forschung geförderte Organisation, die gestandene Fach- und Führungskräfte in Asien, Afrika und Europa einsetzt.

Ein CEO-Einkommen gibt es für diese Einsätze nicht, das ist aber auch nicht Sinn der Sache. Vielmehr dienen die Einsätze dazu, bei Auslandsprojekten bis zu einem halben Jahr lang konkrete Probleme zu lösen und lokales Fach- und Führungspersonal zu qualifizieren. Es kommen nur Senior Experten mit den jeweils gesuchten Qualifikationen, mit langjähriger Berufserfahrung und Sprachkenntnissen zum Einsatz. Besonders gesucht sind Experten aus Chemie, Elektrotechnik, Mechatronik, Metall, Landwirtschaft und Medizin. (www.ses-bonn.de)

Finanzexperten und IT-ler sind darüber hinaus oft sehr willkommen bei NGOs, Think Tanks und Stiftungen — Stellenangebote finden sich auf den Webseiten der Organisationen selbst und auf Infoseiten wie www.stiftungen.org.

Plan D: High Performance Privatier

Es klingt ein wenig abwegig, aber so abwegig ist diese Variante vom Weg an die Spitze heute nicht mehr — zumal in der Automobilindustrie nicht. Gerade hier gibt es unter den High Performern ungewöhnlich viele hart trainierende Ausdauersportler, die mehrmals jährlich zum Marathon antreten. In mancher Abteilung gehört es bereits zum guten Ton, statt einer Schweizer Präzisionsuhr den jeweils aktuellsten Fitness-Tracker zu tragen.

Das führt zu der seltsamen Situation, dass sich High Performer auf einem doppelten Weg an die Spitze miteinander messen: Zum einen geht es um den Erfolg im Beruf, zum anderen um die beste Marathonzeit. In beide Ziele investieren High Performer so viel Energie, dass man von einer veritablen Doppelbelastung sprechen könnte.

Das *Zukunftsinstitut* schätzt den Trend anders ein, wenn es schreibt: »Sport ist die neue Arbeit.« Nicht mehr der Beruf sei Gesprächsthema Nummer eins, sondern der Sport. Das Thema Arbeit müsse einem gewissen Spaß-Anspruch genügen, während der Sport den Platz des neuen Pflichtprogramms einnehme.

> *»Diese Entwicklung zeigt, wie stark unser bisheriges Verständnis von Arbeit und Freizeit einem Wandlungsprozess unterliegt: Arbeit muss Spaß machen und wird zur Freizeitkultur, Gesundheit wird Pflichtprogramm und zum Arbeitsprogramm.«*[98]

Für die Endvierziger und Anfangsfünfziger unter den High Performern sehe ich das nicht so. Hier wird niemand behaupten, der Weg an die Spitze müsse jeden Tag nur Spaß machen. Interessant ist für diese Kohorte ein anderer Aspekt: Gerade in der Automobilindustrie können Karrieren von heute auf morgen abbrechen.

Passiert ein solcher Bruch, kann sich die parallel laufende Sportkarriere als Rettungsanker erweisen. Statt nur jeweils am frühen Morgen zwischen 5 und 7 Uhr wird nun ganztägig trainiert, gelegentlich auch ins Trainerfach gewechselt. Wenn diese Karriereoption auch keinen »wirklichen« Business-Weg mehr darstellt, so bewahrt sie doch manchen vor einem Absturz ins Nichts. Und nicht selten kommt aus dem Marathon-Netzwerk dann der nächste, der entscheidende Hinweis auf den nächsten Job.

Ganz gleich, ob es ein High Performer vom dritten oder zweiten Management-Level endlich ganz nach oben schafft, ob er selbst gründet, als Experte zu einer NGO wechselt oder sich für die Marathon-Strecke entscheidet: Jedes Mal ist ein Habitus-Wechsel angesagt.

Das war immer schon so, in jüngster Zeit kommen weitere und durchaus existenzielle Fragen dazu: Weg mit der Krawatte? Und her mit Twitter? Oder lieber umgekehrt? Diesen Fragen widmen wir uns im nächsten Kapitel.

---

98 Zukunftsinstitut: Sport ist die neue Arbeit. Trend Update 4/2014. www.zukunftsinstitut.de (https://www.zukunftsinstitut.de/artikel/sport-ist-die-neue-arbeit/)

Fünftes Fazit

Den Berg im Blick behalten: Auf dem Weg an die Spitze kommt es nicht selten vor, dass sich die Landkarte ändert. Dann führt der Weg nicht mehr an eine Konzernspitze, sondern in den Führungskreis eines Mittelständlers — oder umgekehrt. Oder das ersehnte C-Level wird im Ausland erreicht, statt in Deutschland — oder umgekehrt. Wer wirklich gestalten will, hängt sein Ego nicht an Details. Er sieht das *big picture.* Dahinter steht der Wille zu einem Lebenswerk, das weit über die Gestaltung des eigenen Egos hinausweist. Das genau ist die Herausforderung, wenn die Spitze erreicht ist: Das große Ego, das beim Aufstieg so wichtig war, muss jetzt unter Kontrolle gebracht werden. Mitarbeiter wollen nicht nur einem Ego dienen, das spornt sie nicht genug an. Sie wollen teilhaben an einer Mission, die über die Person eines High Performers weit hinaus weist.

Endlich beim Spitzentreffen: Auf dem Weg einer großen Karriere sind Steine zur Seite zu räumen und verschlossene Türen zu öffnen. Das kann ein High Performer in den meisten Fällen nicht selbst bewerkstelligen — hier kommt sein Mentor ins Spiel, oft sogar mehrere Mentoren. Der Zugang zu den Top-Netzwerken öffnet sich auch heute in den meisten Fällen nur über Empfehlungen. Ist der Anfang gemacht, kann das eigene Netzwerk über Jahre und Jahrzehnte immer größer werden. Doch nur dann, wenn ein High Performer Nutzen bietet, wenn er, statt nur selbst Anerkennung zu suchen, auch Anerkennung bietet und wenn er bereit ist, eigene Kontakte zu teilen.

Das eigene Unternehmen gründen: Gestaltet sich der ursprünglich eingeschlagene Weg an die Spitze nicht so wie erwartet, entscheiden sich manche High Performer für Plan B — also für die Gründung eines eigenen Unternehmens. Hier ist der Grad der Freiheit hoch, doch dieser Weg ist steinig. Wer das Alter überschritten hat, in dem man mit Begeisterung Tag und Nacht durcharbeitet und außerdem finanziell bereits auf der sicheren Seite steht, kann sich entspannt auch für Plan C entscheiden: Eine späte Karriere als Business Angel oder als Senior Expert kann außerordentlich interessant und eine wunderbare Möglichkeit sein, die eigene Expertise an neue Talente weiterzugeben. Wer auch diesen Weg nicht für sich sieht, dem steht der Weg an eine ganz andere Spitze offen: Nicht wenige High Performer erreichen nebenher beachtliche Erfolge im Sport. Radrennen, Marathon, Triathlon — hier trifft sich eine ganz eigene High-Performance-Community, und hier können wieder wertvolle Kontakte entstehen, die zurückführen zu Spitzenpositionen in der Wirtschaft.

VI. High Performance als Markenzeichen

Wer ganz oben mitspielen will, kommt um eine überzeugende Selbstdarstellung nicht herum. Das heißt: Die eigene Bühne finden und gestalten, sich selbst darstellen, das richtige Outfit finden, die richtigen Geschichten erzählen – oft heißt es auch: 20 Kilo abspecken. Wie erfolgreiche Kandidaten auf sich aufmerksam machen, warum die einen Jeans tragen und die anderen Anzug, und warum Twitter nicht für jeden der richtige Kanal ist.

6.1 Es geht nicht ohne: Präsenz zeigen

»Digitale Permanenz ersetzt keine analoge Präsenz«, konstatieren die Autoren der Kienbaum-Studie »Future Management Development 2016/2017«. Wie wahr. Wer heute als relevanter Player seiner Branche wahrgenommen werden will, der muss sich zeigen. Wer an der Spitze eines Unternehmens stehen will, muss sichtbar sein.

Das will und das kann nicht jeder — doch auch für die eher zu Unsichtbarkeit neigenden Personen gibt es relevante Rollen: Berater im Hintergrund, stille Strategen. Macchiavelli hat diese Führungskräfte mit »Füchsen« verglichen: Klein und wendig, die Nase immer am Boden, wittern Füchse jede Chance und jede Falle. Anders der Löwe, sagt Macchiavelli. Er steht für Herrschaft: Zeigt Präsenz, brüllt.

Nun sind Metaphern immer etwas holzschnittartig — natürlich gibt es den komplexen Unternehmensorganisationen deutlich mehr mögliche Rollen als »Füchse« und »Löwen«. Dennoch bringt uns Macchiavelli einer wichtigen Frage näher: Woher weiß meine Umgebung, ob ich eher die eine oder die andere Rolle ausfülle?

Hier kommt etwas ins Spiel, das aufstrebende Führungskräften zumal in technisch dominierten Branchen, einerseits eher unangenehm finden und andererseits häufig nicht im rechten Maß zu dosieren wissen: Die Selbstinszenierung.

Sich selbst zur Marke machen

Der Mensch ist per se weder Ich-AG noch Markenprodukt und es liegt mir an dieser Stelle fern, für eine derartig verkürzte Wahrnehmung von High Performern zu plädieren.

Dennoch ist es so, dass sich im Verlauf eines Aufstiegs so etwas wie eine Markenidentität herausbildet. Denken wir nur an Dieter Zetsche: Jeder Branchenkenner hat sofort ein Bild vor Augen, jeder kennt seine Geschichte, weil die Medien sie so gerne und so häufig erzählen. Zum Beispiel die F.A.Z.:

»Konzernchef Dieter Zetsche, neuerdings konsequent ohne Krawatte, ist die Lässigkeit in Person, der Mister Cool unter Deutschlands Managern: Welch eine Volte! Exakt zehn Jahre ist er nun im Amt, die meisten davon waren bitter. Die Investoren waren gegen Zetsche, der Betriebsrat war gegen ihn, die Zeitungen übrigens auch:

Der Mann bringt es nicht, so das Urteil, der Mann kann gehen. Noch 2014 wollten ihn Großaktionäre in die Altersteilzeit schicken. Dieter Zetsche hat es allen gezeigt. Wie das gelang, liefert Stoff für eine Manager-Fibel: Deutsch-Banker, aufgepasst! Von Daimler lernen heißt siegen lernen.« [99]

Warum funktioniert die Geschichte? Zetsche hat Erfolge vorzuweisen, und mit dem Ablegen seiner Krawatte ist es ihm gelungen, seine Story zu einer Heldengeschichte zu machen. Denn das ist das Prinzip jeder guten Story: Ein Held zieht los, besteht Prüfungen und überwindet schließlich eine Grenze, die bis dato als gesetzt und unüberwindlich galt. Bei Zetsche ist es der Umbau vom Old-School-Konzern in Richtung agiles Unternehmen — was sich mit Worten nur schwer kommunizieren, mit dem Ablegen des Symbols der alten Wirtschaft — die Krawatte — aber wunderbar auf einen einzigen Punkt bringen lässt. Zetsche ist eine Marke und Zetsche muss bei den Medien nicht um Aufmerksamkeit betteln — man folgt ihm freiwillig.

Eine High-Performer-Marke wie Zetsche lässt sich leicht kommunizieren, sie lässt sich leicht wiedererkennen. Denken wir an Steve Jobs, an Karl Lagerfeld, sogar US-Präsident Donald Trump passt in dieses Bild — alle diese Performer haben ihr Profil, ihr Können und ihre Erfahrung mit wenigen Attributen auf den Punkt gebracht. Sie alle haben sich stilisiert zu einer Botschaft, die im positiven Fall für »Erfolgsversprechen und Verheißung« steht. [100]

Fragt sich nun: Wie gelingt dieser Schritt? Muss jeder High Performer sich nun zur Karikatur seiner selbst stilisieren, sich in seine eigene Werbeagentur verwandeln und auf Dauersendebetrieb in allen Social-Media-Kanälen umschalten? Was braucht es heute, um unternehmensintern und öffentlich Beachtung zu finden? Wie wichtig ist eine hohe Zahl an Followern und Likes? Und was lässt sich gegen die nagende Sorge tun, die heute so viele umtreibt: »Ich bin nicht bekannt genug?« Ein Schicksal übrigens, das High-Performer-Marken mit anderen Markenprodukten in übersättigten Märkten teilen. Was also tun in einer Zeit, von der die Zeitschrift brand eins ganz richtig schreibt: »Das professionalisierte Selbstmarketing hat es in

99   Meck, Georg: Was Cryan von Zetsche lernen kann. In: Frankfurter Allgemeine Zeitung vom 07.02.2016. www.faz.net (http://www.faz.net/aktuell/wirtschaft/unternehmen/kommentar-was-cryan-von-zetsche-lernen-kann-14055924.html)
100 Assig/Echter, a.a.O., Seite 64

den inneren Zirkel der Kernkompetenz geschafft.« Und: »In Demut zu warten, bis man jemandem auffällt, ist von nun an naiv.«[101]

Schauen wir uns nun die Elemente einer gelingenden nonverbalen und verbalen Markenkommunikation in eigener Sache an. Und beginnen wir wieder da, wo ich selbst vor vielen Jahren begonnen habe: In der Abteilung für Herrenoberbekleidung.

Herrenanzug oder T-Shirt?

Ob es uns gefällt oder nicht: Kleidung ist immer ein wesentlicher Teil der menschlichen Kommunikation. Und deshalb gilt der Satz von Paul Watzlawik auch hier: Es ist *nicht* möglich, *nicht* zu kommunizieren. Weil es für High Performer absolut erfolgsentscheidend ist, wie sie kommunizieren, und weil heute ein Dieter Zetsche ohne Krawatte und Facebook-Chef Mark Zuckerberg in Flip-Flops zur Arbeit gehen, ist die Verunsicherung groß.

Sofort werden wieder »Zeitenwenden« ausgerufen. Das Ende der Krawatte sei gekommen, das Ende des Anzugs — willkommen in der schon so oft vergeblich beschworenen »New Economy«.

Es ist — wie in diesem Buch schon mehrfach beschrieben — auch hier nicht ganz so einfach, wie es auf den ersten Blick scheint. Wir haben es nicht mit einem »Entweder-Oder« zu tun, sondern auch hier mit gleichzeitigen Entwicklungen in unterschiedliche Richtungen.

Es ist auch nicht so, dass der typische Start-up-Look mit Jeans, Pullover oder T-Shirt ein völlig anderes Statement abgibt als der klassische Herrenanzug. Tatsächlich ist das »graue T-Shirt« nur die neuere Variante der Büro-Uniformität. Es ist das neue Einheitsoutfit für die jüngeren »Grauen Herren«, die gar nicht so anders ticken als die älteren »Grauen Herren«, jetzt aber mit Internetanschluss.

Der Anzug: Ein Outfit – viele Bedeutungen

Schritt zurück. Ursprünglich war der schmucklose Herrenanzug ein Stück Revolution, eine Provokation. Mit diesem Anzug distanzierte sich das neue

101 Laudenbach, Peter: „Wir erleben einen emotionalen Klimawandel." Georg Franck im Interview. In: brand eins, Ausgabe 02/2017; www.brandeins.de (www.brandeins.de/archiv/2017/marketing/georg-franck-interview-wir-erleben-einen-emotionalen-klimawandel/)

Bürgertum nach der Französischen Revolution von den adligen Höflingen, die sich gerne mit Samt und Seide, auffallenden Farben, Formen und Federn schmückten. Für uns heute unvorstellbar. Der Herrenanzug war seit dem frühen 19. Jahrhundert Ausdruck des selbstbewusster werdenden Bürgertums. Der Bürger war der revolutionäre Hoffnungsträger dieser Zeit. Sein Anzug ein Zeichen der Freiheit.

In den 1950er Jahren schon nahm das stolze Bild neue Schattierungen an. Der Anzug wurde *auch* zum Zeichen der Entfremdung von »*The Organization Man*« (William Whyte, 1956), zur Uniform des »eindimensionalen Menschen« (Herbert Marcuse, 1964). Zum Zeichen der Unfreiheit.

Der Kontext des Auftritts macht den Unterschied, außerdem die feinen Unterschiede des Produkts selbst: Materialien, Schnitte, Knopflöcher und der Name des Couturiers. So ist es bis heute. In klassischen Unternehmen tragen alle Anzug: Der CEO, der Mittelmanager und der Security-Mann an der Tür. Jeder Anzug — der Maßgeschneiderte, der Anzug von der Stange und die Livree — ordnet seinen Träger jeweils einem »Kollektivkörper« zu, so die Kultur- und Literaturwissenschaftlerin Barbara Vinken in einem Interview mit der Zeitschrift brand eins.

Sie bringt Nietzsche ins Spiel. Für ihn, sagt Vinken, sei der Herrenanzug immer ein *paradoxes* Kleidungsstück gewesen: Einerseits zeigt man damit, dass man sich richtig zu kleiden weiß, andererseits aber auch, dass man an das Thema Outfit keinen Gedanken zu viel verschwende. Insofern ist ein geschmackvoller Herrenanzug ein wenig so wie gelungener Small Talk: Man sagt damit, dass man eigentlich nichts sagen will. Vinken erklärt:

> »*Der Anzugträger signalisiert, dass es ihm nicht um Äußerlichkeiten gehe, sondern um Leistung, Seriosität, Zuverlässigkeit. Man stellt nicht eigene Regeln auf, sondern kennt und befolgt die geltenden. Es geht nicht um individuellen Geschmack, sondern um Korrektheit. Deshalb sind Anzugträger so spektakulär unspektakulär, auffällig unauffällig.*«[102]

Allerdings nur, wenn sie sich mit den kleinen Unterschieden so gut auskennen, dass sie im richtigen Moment den genau richtigen Anzug tragen. Jede Branche, jedes Unternehmen und jede Hierarchie-Ebene nämlich pflegt eigene Codes.

---

102 Laudenbach, Peter: Die Hose spricht. Barbara Vincken im Interview. In: brand eins, Ausgabe 12/2016; www.brandeins.de (www.brandeins.de/archiv/2016/geschmack/barbara-vinken-interview-die-hose-spricht/)

Das heißt: Wer an einer Konferenz in einem braunen Anzug teilnimmt, wenn alle andere schwarz tragen, hätte auch im Trainingsanzug kommen können — der Effekt wäre ähnlich gewesen. Zum Glück ist mir so etwas nur ein einziges Mal passiert.

T-Shirt: Uniform mit Fitness-Zwang

Der ehemalige Apple-Chef Steve Jobs hatte den schwarzen Rollkragenpullover zu seinem Markenzeichen gemacht: Das wirkte schon vor Dekaden lässig, hatte aber auch noch etwas von Intellektualität und Künstlertum.

Heute hat Facebook-Chef Marc Zuckerberg den Dresscode noch informeller gemacht: Er hat ein graues T-Shirt zu seiner Berufskleidung auserkoren. Der T-Shirt-Code ist so etwas wie der Versuch, den Geist der Gründergaragen in einem Unternehmen festzunageln, das längst zu den ganz großen Namen der globalen Wirtschaft gehört. Hoffnungsträger der jüngsten Revolution — lieber spricht man von Disruption, weil nicht mehr Gesellschaften, sondern nur noch Geschäftsmodelle umgekrempelt werden — Hoffnungsträger jedenfalls ist nicht mehr der Bürger, sondern der Nerd.

Der Nerd verzichtet auf den Herrenanzug als gleichmachende Hülle und auf die Stechuhr als wichtigstes Zeichen des fremdbestimmten Arbeitens. Er schlüpft in ein formloses T-Shirt, ist *always on* und arbeitet gerne auch überall dort, wo Anzugträger Pause machen. Und gerade hier zeigt sich, dass der neue Business-Dresscode nicht zwingend mit mehr Freiheit einhergeht. Im Gegenteil.

Das Leistungsethos der Gründer und Nerds verlangt nicht nur nach höchstem Output, sondern darüber hinaus auch noch nach gesundem Lifestyle und Fitness (am besten Marathon). Anders als der Anzug mit seinen im Idealfall maßgefertigten Schulterpolstern und Problemzonenabnähern kaschiert das T-Shirt nichts. Und so ist auch dieses modische Accessoire von einem Statement für Coolness und Freiheit verkommen zu einer neuen Quelle des Uniformitätsdrucks.

Rettungsring um die Hüften? Ganz schlecht für alle, die heute zu den coolen Start-up-Jungs gehören wollen. (Wer sich als Hacker einen Namen machen will, für den gelten wieder andere Gesetze, doch das ist ein anderes Thema und nicht meins).

2016 hatte brand eins die These aufgestellt, dass die neue Magerkeit der Top-CEOs als »Metapher des Gürtel-enger-Schnallens« zu verstehen sei.

»Rationales und rationalisierendes Management braucht eben die inszenierte Stimmigkeit von Botschaft und Absender.«[103]

Ich meine, das ist zu kurz gegriffen. Es reicht nicht mehr High Performance nur abzuliefern — Standard ist heute, diese auch mit der kleinsten Faser des eigenen Leibes zu verkörpern, die nachhaltige Verankerung des Body-Mass-Indexes mit Fitnesstrackern und strengen Trainingsprogrammen sicherzustellen und die persönlichen Ergebnisse via Social Media auch noch weltweit zu kommunizieren.

Anschluss an Bezugsgruppe

Das schafft Anerkennung und Zugehörigkeit. Und das ist eben nicht nur für junge Menschen relevant, sondern zunehmend auch für High Performer höherer Jahrgänge. Wichtiger als die »Abgrenzungsphänomene früherer Jugendlicher«, so das Zukunftsinstitut, sei heute die »Anschlussfähigkeit an die präferierte Peer Group.« Weil diese Zugehörigkeit relativ frei gewählt und jederzeit revidiert werden könne, spiele das »Selbstdesign« eine wichtige kulturelle Rolle.[104]

Anders als in den 1980er Jahren, als man sich noch für eine Zugehörigkeit zu Poppern, Punkern, Ökos oder New Waver entscheiden und ebendiese Zughörigkeit hauptsächlich über Frisur, Jacke und Schuhwerk kommunizierte, funktioniert das Selbstdesign heute zum großen Teil medial vermittelt über Social Media. Imagedesign ist Pflichtfach.

Der dritte Weg: High Performing Paradiesvögel

Wenn es nun zutrifft, dass High Performer heute — je nach Unternehmen, Branche, persönlichem Ziel — die Wahl haben zwischen Anzug mit oder ohne Krawatte, Steve-Jobs-Pullover oder Marc-Zuckerberg-T-Shirt, wie sind dann die Selbstinszenierungen von Paradiesvögeln wie John Legere, CEO von T-Mobile US, oder in jüngerer Zeit auch adidas-Zukunftsdenker Christian Kuhn zu verstehen?

> *»Der Direktor hat kein Chefbüro, aber einen Totenkopfring am Mittelfinger. Christian Kuhna trägt keinen Anzug, aber eine gelbe Brille plus Trainingsjacke mit*

---

103 Jansen, Stephan A.: Hat schönes Wirtschaften einen Geschmack? In: brand eins, Ausgabe 12/2016; www.brandeins.de (www.brandeins.de/archiv/2016/geschmack/hat-schoenes-wirtschaften-einen-geschmack/)
104 Quelle: Zukunftsinsitut / Signium International: Generation Y. Das Selbstverständnis der Manager von morgen. Frankfurt am Main / Düsseldorf 2013, Seite 15

Aufnähern. Damit hebt sich der adidas-Mann hier auf der Messe »Zukunft Perso-
nal« eklatant von all den Pinguinen ab, wie er die Anzugträger nennt. Und genau
darum geht es: anders zu sein und es anders zu machen als bisher.«[105]

Kuhna und Legere haben eins gemeinsam: Sie setzen auf »Abgrenzungs-
phänome« (laut Zukunftsinstitut das typische Verhalten »früherer Jugendlicher«). Sie wollen »die Neuen« sein, gegen »das Alte« kämpfen. Bei Kuhna
ist das die alte Arbeitswelt, bei Legere sein alter Arbeitgeber AT&T. Und?
Sind sie damit in ihrer Selbstinszenierung freier als all die alten »Pinguine«
in ihren Anzügen und die neuen »Pinguine« in ihren grauen T-Shirts? Ich
meine: Nein. Marken-CEOs wie diese bestätigen die herrschenden Unifor-
mitätsregeln ex negativo.

Radikale Freiheit ist auch das nicht. Das ist Kalkül. Der Versuch, im globalen
Business-Zirkus ein Feld zu besetzen und Aufmerksamkeit zu ergattern.
Wer mit »fitting in« nicht weiter kommt, der wählt eben »standing out«,
bestätigt damit aber trotzdem das bestehende Regelwerk.

Und das war, vermute ich, das Problem des High Performers mit seinem
orangefarbenen Lieblingsshirt, von dem in diesem Buch bereits die Rede
war: Das grelle Shirt war noch zu nah dran an den klassischen Konzepten.
Wer als bunter Vogel auffallen will, muss seine Selbstinszenierung in diese
Richtung sehr, sehr viel weiter drehen — bis hin zur Karikatur. Ich meine:
Das muss man wollen, das muss man können, das passt nicht zu jedem
und der Schritt zu möglicherweise ungewollten Zuschreibungen — Pein-
lichkeit, Eitelkeit, Geschmacklosigkeit — ist ein ziemlich kleiner.

Um Missverständnisse gleich auszuräumen: Ich beurteile diese Phänomene
der Selbstinszenierung nicht. Ich sage nicht, dieses sei gestrig und jenes
nun angesagt, dieses sei geschmacklos und jenes ästhetisch. Um Bewertung
geht es mir nicht. Ich beobachte diese Phänomene lediglich und versuche,
sie einzuordnen für alle, die ihren eigenen Weg finden wollen auf dem
Weg an eine selbst definierte Spitze.

Marken zeigen oder verstecken?

In jüngerer Zeit wurde nicht nur das Ende der Krawatte prophezeit, sondern
auch das Ende des Luxuskonsums. Und schon werden neue Begriffe medial

105 Hagelüken, Alexander: Neue Ideen gegen Starre Hierarchien. In: Süddeutsche Zei-
    tung, 25. Oktober 2016, www.sueddeutsche.de (www.sueddeutsche.de/karriere/
    neue-arbeitsformen-der-erleuchtete-mitarbeiter-1.3215840)

inszeniert. Im englischen Sprachraum war dies »Stealth Wealth«, im deutschen das Pendant »Luxusschämen«.

»Luxusschämen«

Das Konzept tauchte schon 2008 auf, zur Zeit der Bankenkrise. Sehr wohlhabende Londoner High Performer fanden es plötzlich peinlich, in aller Öffentlichkeit viel Geld für Luxus auszugeben, während rundherum die Wirtschaft zusammenbrach, und trafen sich zum Schuhe-Shoppen lieber im Wohnzimmer von Tamara Mellon, der Gründerin des Schuhmodeunternehmens Jimmy Choo.[106]

Warum diese Methode, Luxus heimlich zu kaufen, ausgerechnet »Stealth Wealth« heißen soll, ist schnell erklärt: Stealth-Bomber sind Tarnkappenflugzeuge, die von feindlichen Radarsystemen nur sehr schwer wahrgenommen werden können. Die Idee hinter dieser martialischen Bezeichnung ist so neu auch wieder nicht. Aus den Studien des französischen Sozialforschers Pierre Bourdieu (»Die feinen Unterschiede«, 1979) wissen wir längst, dass etablierte bürgerliche und adelige Milieus eben nicht Luxuslabels vor sich hertragen, sondern auf Understatement setzen. Die Differenzierung kann nur der sehen, der in die geheimen Codes dieser geschlossenen Gesellschaften eingeweiht ist. Hier ist es ein kleines Emblem, da ein gesäumtes Knopfloch oder eine ganz leicht nach vorn gewölbte Tasche im Jackett — mehr nicht. Die Expertise macht den Unterschied, nicht das Vorzeigen der Marke.

Es mag tatsächlich sein, dass man sich in den 1980er und 1990er Jahren noch etwas ungenierter mit Statussymbolen ausstaffierte. Vielleicht haben sich auch einfach nur die angesagten Marken geändert: Heute ist es nicht mehr zwingend die Rolex, sondern vielleicht eine »Artelier Calibre 112« aus dem Hause Oris. Es ist nicht mehr zwingend der hochpreisige Sportwagen einer deutschen Edelmarke, sondern ein Tesla. Die Dame trägt nicht mehr unbedingt eine französische Handtasche, sondern eine des Hamburger Insider-Labels Stiebich & Rieth.[107]

Dazu kommen weitere Distinktionsmerkmale, die auf dem Weg an die Spitzen förderlich sein können. Das ist zum einen die eigene Kunstsammlung, über die sich dann auch in Interviews mit Wirtschaftszeitschriften

---

106 Schott, Ben: Stealth Wealth. Blog vom 08.12.2008, online unter schott.blogs. nytimes.com (schott.blogs.nytimes.com/2008/12/08/stealth-wealth/?_r=0)
107 Rooijen, Jeroen Van: Was ist heute ein Statussymbol? In: Bellevue NZZ vom 14.03.2017. www.bellevue.nzz.ch (bellevue.nzz.ch/mode-beauty/veraenderte-konsumgewohnheiten-was-ist-heute-ein-statussymbol-ld.150919)

sehr gut parlieren lässt. Und zum anderen eine Entourage aus exklusiven, persönlichen Unterstützern: Angefangen von Fitness- und Medientrainern über Sterne-Köche für private Dinners, hochkarätige Coaches, Psychologen und Redenschreiber bis hin zu Privatlehrern und Top-Musikern, die eigens für Klavierstunden eingeflogen werden (so praktiziert von Alan Rusbridger, ehemals Chefredakteur des Guardian, dokumentiert in seinem Buch „Play it Again: Ein Jahr zwischen Noten und Nachrichten", 2015). Es ist der *Zugang* zu diesen exklusiven Experten, mit dem heute Status angezeigt wird.

»Geltungskonsum«

Den eigenen Status anzeigen zu wollen, das hat in der Geschichte der Menschheit eine sehr lange Tradition. Forscher vermuten, dass es im Laufe der Kulturgeschichte so etwas gab wie »Hortgeld«, zum Beispiel in Form eines Rings. Später zeigten die Besitzer von Geld ihren gesellschaftlichen Stand direkt mit barer Münze – in dieser Phase sprechen Völkerkundler von »Protzgeld«. Erst noch viel später wurde Geld zu »Zahlgeld«.

Heute »protzt« man in der bürgerlich geprägten Upper Class damit nur noch in seltenen Fällen direkt, High Performer bevorzugen das Zeigen exklusiver Kreditkarten, oder, siehe oben: Die Kunstsammlung, das Dinner und so weiter.

Ganz anders sieht es in den High-Performer-Kreisen ohne den hiesigen, bürgerlichen Hintergrund aus. Gerade soziale Aufsteiger neigen dazu, sich mit prestigeträchtigen Labels auszustaffieren. In anderen Regionen der Welt gelten andere soziale Codes und es wird ein anderer Umgang mit Marken gepflegt, insbesondere im Nahen Osten, in China und in Russland.

Es ist zu einfach, diese Form des »Geltungskonsums« abzustempeln als schlechten Geschmack oder Vulgarisierung, so wie es Modeexpertin Barbara Vinken praktiziert. »Vermutlich sind die Einkaufsmalls in Dubai das Epizentrum dieser Seuche«, sagt Vinken.

> *»Das hat sicher auch die ästhetische Identität einiger Marken beschädigt – Gucci, Chanel, Lagerfeld oder Dolce & Gabbana. Sehr schade, finde ich. Wie ein Ausverkauf ist das. Kluge Marken wie Prada oder Haider Ackermann haben das vermieden. Statt den Bling-Bling-Fetischismus zu bedienen, müsste es darum gehen, Geschmack zu bilden.«*

Nun folgt guter Geschmack aber keinem Naturgesetz, sondern ist jeweils nichts weiter als eine soziale Konvention.

6.2 Die Kunst der Kommunikation

Kleider machen Leute — und auch Worte machen Leute. Worte formen eine High-Performer-Marke mehr noch als das Outfit. Assig/Echter bringen das sehr treffend auf den Punkt, wenn sie schreiben:

> »(...) die Person muss andauernd, redundant, mit immer gleichen Begriffen und Konnotationen über sich selbst sprechen. Jedes Detail ihrer Aufgabe, ob Projekt, Erfolg, eine bestimmte Zahl, eine andere Person, ein Konflikt, ein Ereignis; alles wird in den Kontext der eigenen Marke gestellt. Dies erfordert Übung.«[108]

Storytelling schafft Vertrauen

Was Assig/Echter an dieser Stelle nicht deutlich genug machen: Hinter den vielen Einzelerzählungen — Projekt, Erfolg, Zahl, Person, Konflikt, Ereignis — muss immer eine größere Geschichte stehen. Am besten ein Kampf: Neu gegen Alt, Klein gegen Groß, Einfach gegen Kompliziert, Frei gegen Unfrei, Glück gegen Unglück. Fast alle guten Geschichten leben von einem solchen Konflikt.

High Performer bewegen sich dann besonders mühelos von Erfolg zu Erfolg, wenn es ihnen gelingt, eine wirklich gute Geschichte über sich selbst zu erzählen — ohne dabei allerdings das eigene Ego aufzupumpen. Es geht um eine größere Sache als das Ego: Freiheit. Glück. Die neue Welt.

Funktioniert die eigene Story emotional und ist sie einprägsam und verständlich, wird sie weiter erzählt. Verständlichkeit schafft Vertrauen, Vertrauen schafft Fans. Auf dieser Basis wächst die eigene Marke.

- John Legere hat sich für seine Story einen externen Feind ausgesucht: AT&T. Die Story: Klein gegen Groß.
- dm-Chef Götz Werner unterstreicht permanent sein Verantwortungsgefühl für Mensch und Umwelt. Die Story: Gut gegen Böse.
- Und so geht es nicht: Der ehemalige Arcandor-Chef Thomas Middelhoff hatte sich selbst als Held dargestellt: „Wir haben das Unternehmen gerettet" — kurz vor der Pleite überzeugte das nicht mehr.

Es reicht also nicht, eine Geschichte zu erzählen. Die Geschichte muss auch Substanz haben — so ist zumindest unsere Vorstellung in Europa. Seit US-Prä-

---

108 Assig/Echter, a.a.O., Seite 65

sident Donald Trump Politik mit »fake news« betreibt, lernen wir eine neue, eine finstere Seite der Kommunikation kennen. Im Moment ist es noch nicht klar, wie diese Politik unseren Umgang mit Kommunikation verändern wird.

In den jüngsten Dekaden haben Marken hierzulande jedenfalls so funktioniert: Eine gute Geschichte bildet Vertrauen, Vertrauen bildet eine Marke. Ein klarer, sicherer Dreisprung, den angehende High Performer meiner Einschätzung nach unbedingt trainieren müssen. Der Grund: Menschen vertrauen Managern per se nicht.

Die eigenen Arbeitgeber genießen zwar unter den erwerbstätigen Bundesbürgern das größte Vertrauen (82 Prozent). Ansonsten vertrauen die Deutschen insgesamt vor allem den Universitäten (80 Prozent), den Ärzten (78 Prozent) und der Polizei (77 Prozent), so das Ergebnis der aktuellen Forsa-Umfrage für den Stern, in der jedes Jahr ermittelt wird, wie hoch das Vertrauen in gesellschaftliche und politische Institutionen ist.

Im Mittelfeld liegen Gewerkschaften (46 Prozent), die Bundesregierung (44 Prozent) und ganz am Schluss stehen, noch hinter den Banken (23 Prozent) und dem Islam (21 Prozent) eben »die Manager« mit 13 Prozent. Noch weniger Vertrauen bekommen nur noch Werbeagenturen (10 Prozent).[109]

Warum das so ist? Der Leipziger Wirtschaftspsychologe Timo Meynhardt hat die Gemeinwohlorientierung von 127 Organisationen untersucht. Er sieht einen »Abkopplungs- und Entfremdungsprozess« bei Managern und legt ihnen dringend nahe, ihre »dienende Funktion« zu unterstreichen. »Sie müssen erklären, welchen Beitrag sie zum großen Ganzen leisten.«

Ich ergänze: Und diesen Beitrag dann auch leisten. Und die Story dieses Beitrags dann auch erzählen!

Was ist eine gute Story?

Erfolgreiche High Performer zeigen oft einen überdurchschnittlichen Arbeitseinsatz und erzielen überdurchschnittliche Ergebnisse. Das kann, das sollte man kommunizieren.

---

109 wm/ohne Autor: Wem die Deutschen am meisten vertrauen. In: Stern vom 17.2.2016; www.stern.de (www.stern.de/politik/deutschland/deutsche-vertrauen-eigenem-arbeitgeber--universitaeten-und-aerzten---umfrage-fuer-den-stern-6701676.html)

Allerdings nicht mit schlechten Powerpoint-Charts und langweilig abgelesenen Geschäftszahlen. Sondern: Mit Emotionen. Gefühle machen den Unterschied — auch wenn das in einem immer noch männerdominierten Berufsfeld nicht gerne gehört wird. Kommunikation ist Emotion.

Herzblut, klare Worte und Kampfgeist — das ist es, was Caroline Waldeck, Vizepräsidentin des »Verbands der Redenschreiber deutscher Sprache«, Managern für ihre (Bühnen-)Kommunikation ins Pflichtenheft schreibt. Wer mit Phrasen und Fremdworten kommuniziert, bezahlt »mit dem Verzicht auf rhetorische Rendite«, sagt Waldeck. »Geringes Risiko bringt wenig Rendite; wer mehr Rendite will, muss etwas riskieren.«[110]

Sie empfiehlt die Formulierung eines klaren Gestaltungsanspruchs, denn das ermögliche *Identifikation,* und weiter sogar — zumal für öffentliche Reden in schwierigen Situationen — selbstkritische Töne, weil diese von *Verantwortungsbewusstsein* zeugen. Nicht zuletzt plädiert sie für Verständlichkeit, denn Verständlichkeit führe zu *Glaubwürdigkeit.* Und das wiederum ist die Basis für Vertrauen.

Der Ton macht die Musik

Wie in jeder erfolgreichen Markenkommunikation besteht die Kunst darin, Stil und Inhalt an die Zielgruppen anzupassen. Wer als Vorstandsvorsitzender eine öffentliche Rede hält, muss in Sachen Empathie und Verständlichkeit ganz anders auftreten als im internen Machtzirkel.

Auch die konkrete Situation kann sehr unterschiedliche Kommunikation notwendig machen: Einmal ist es sinnvoll und zielführend, sich selbst als verständnisvoll und freundlich zu inszenieren. In einer anderen Situation kann genau das die Karriere kosten. Manchmal muss ein High Performer auch »Work hard, play hard« mimen, um sich durchzusetzen. Strategie-Experte Herfried Münkler sagt:

> *Sie müssen also wissen, welche Form des Auftretens in einer konkreten Situation für Sie nützlich ist. Das ist vermutlich das Geheimnis im Kampf um Macht.«*[111]

110 Waldeck, Caroline: DAX-Vorstände lassen rednerische Chancen ungenutzt: Mehr Mut zum rhetorischen Risiko. In: Rhetorikmagazin.de ohne Datum (www.rhetorikmagazin.de/?p=3422)
111 Münkler, Herfried, a.a.O., Seite 93

Oft unterschätzt: Schlagbilder

Zur Kommunikation gehören heute neben Schlagzeilen auch Schlagbilder. Beides kann gehörig daneben gehen, wenn High Performer den Verlockungen des Medienzirkus auf den Leim gehen.

Prada, Pool, Porsche und Porno

In der September-Ausgabe der Vogue aus dem Jahr 2013 zum Beispiel ist eine Dame im hautengen, dunkelblauen Schlauchkleid kopfüber auf einer Sonnenliege zu sehen, das blonde Haar dekorativ am Liegenfußende drapiert. Eigentlich ein schönes Bild, nur: Die da liegt, ist Marissa Mayer, damals 38 und Chefin des Internetkonzerns Yahoo. Und das kam gar nicht gut an. Wenn eine Konzernchefin Top-Model spielt, hat sie sich in den falschen Film verirrt. Das ist peinlich, das ist unprofessionell und führt karrieretechnisch ins Abseits. Heute ist Yahoo ohnehin Geschichte — und der Schlauchkleid-Fauxpas war im Rückblick nur einer von vielen unglücklichen Schritten.

Unvergessen sind weitere Schlagbilder der Eitelkeiten: Rudolf Scharping mit Gräfin Kristina von Pilati im Pool, während die Bundeswehr Militäreinsätze in Mazedonien absolvierte. Ulrich Schumacher, damals Infineon-Chef, gekleidet im Rennanzug mit einem silbernen Porsche auf der Wall Street und vor der Deutschen Börse.[112] Auch das fand man peinlich. Natürlich auch die Fotoaktion von Ryan Air-Chef Michael O'Leary in Badehosen und Taucherflossen inmitten von sieben Stewardessen in Unterwäsche. Nun — zum Image eines Billigflieger-Chefs passt die Aktion möglicherweise.

Wer sich selbst heute als erfolgreiche Marke inszenieren will, muss seine Botschaft schnell und prägnant deutlich machen.

> »Der Chef oder die Chefin eines großen Konzerns ist also nicht nur dafür verantwortlich, dass am Jahresende die Zahlen stimmen, er oder sie ist auch das zentrale Aushängeschild der Firma«,

kommentierte die Süddeutsche Zeitung nach dem Vogue-Skandalfoto. »Deshalb muss die Inszenierung eines Vorstandsvorsitzenden zur Botschaft seines Unternehmens passen, nicht zu seinen persönlichen Eitel-

---

112 dpa: Das Comeback des Rennfahrers. In: Handelsblatt vom 23.08.2013 www.handelsblatt.com (www.handelsblatt.com/unternehmen/management/ulrich-schumacher-das-comeback-des-rennfahrers/8683768.html)

keiten.« Wer sich in aller Pracht zeigen wolle, könne das gerne tun. Aber eben nur »solange die, denen dann der Atmen stockt, nicht Mitarbeiter oder Aktionäre sind.«[113]

Warum eigentlich? Weil der Mann oder die Frau an der Spitze nur dann authentisch als Spitzenkraft wirken kann, wenn die Sache mit der Selbstreflexion zwei Mal funktioniert hat: Wenn also erstens die Frage „Wer bin ich?" beantwortet werden konnte. Und zweitens: „Wofür stehe ich?" Diese zweite Frage fokussiert bei Menschen an der Spitze eben immer auf die Profession — und nicht auf Prada, Pool, Porsche und Porno. So verlockend all das auch sein mag.

Was das für High Performer heißt: Sie brauchen eine überzeugende Bild-Strategie für den eigenen Markenauftritt. Handlungsleitend sollten dabei nicht die schmeichelnden Anfragen irgendwelcher Mode- oder Boulevardmagazine sein (siehe Mayer, siehe Scharping), sondern die eigene Strategie.

Auch eine Talkshow muss nicht sein

Es ist kein Geheimnis, dass die BILD-Zeitung ein großes Interesse am Privatleben von High Performern zeigt — seien diese Vertreter der Wirtschaft oder andere Celebrities. Egal. Hauptsache: Prominent.

Der Ex-Chefredakteur der Bild-Zeitung, Kai Dieckmann, hat sich in einem Interview für das Buch »Der CEO im Fokus« darüber Gedanken gemacht, wie sich CEOs am besten in der Öffentlichkeit präsentieren sollten.

Und ausgerechnet er warnt CEOs vor dem Drang, sich selbst zu inszenieren. Ein CEO gehöre nicht in jede Talkshow, sagt Diekmann:

> »Talkrunden sind doch auch nur Inszenierungen, wo bestimmte Rollen festgelegt werden, wo nicht ernsthaft diskutiert wird. Es geht nicht um Lösungen, sondern um Darstellung. Ein CEO braucht aber nur begrenzt Darstellung.«[114]

---

113 Slavik, Angelika: Im Fegefeuer der Eitelkeiten. In: Süddeutsche Zeitung vom 24.08.2013; www.sueddeutsche.de (www.sueddeutsche.de/karriere/selbstinszenierung-von-chefs-im-fegefeuer-der-eitelkeiten-1.1753578)

114 Wadhawan, Julia: „Ich darf das, weil ich Chefredakteur von Bild bin" — Kai Diekmann über Selbstinszenierung von Führungspersonen. In: Meedia.de vom 08.04.2015 (meedia.de/2015/04/08/ich-darf-das-weil-ich-chefredakteur-von-bild-bin-kai-diekmann-ueber-selbstinszenierung-von-fuehrungspersonen/)

Viel wichtiger sei es stattdessen, ein klares Profil zu entwickeln, damit das Vertrauen auch durch Krisenzeiten trägt. Zu viel Pool und Prada untergräbt dieses Vertrauen — nur eine gesunde Distanz zu diesen Verlockungen schafft Vertrauen. Und dann sagt Diekmann einen wirklich guten Satz:

»Ich kann nicht die Scheinwerfer der Öffentlichkeit anknipsen, wenn ich mich darin sonnen will, und ausknipsen, wenn ich was zu verbergen habe.«

Muss das sein? Social Media

Und damit wären wir bei Social Media. In Deutschland unter High Performern ein hoch umstrittenes Thema, zumal in der Automobilindustrie. Ich kenne sehr viele Führungskräfte der ersten und zweiten Ebene, die selbstverständlich *nicht* auf Facebook und Twitter unterwegs sind, und auch nicht auf sogenannten Business-Netzwerken. Vielen gilt ein Engagement in diesen Netzwerken als unschicklich. Man will vielleicht einfach auch keine Einfallstore für Shitstorms.

Nicht twittern!

Unter den Vorstandsvorsitzenden der 30 Dax-Konzerne war Ende 2016 einzig SAP-Chef Bill McDermott auf Twitter aktiv, so eine Untersuchung der Managementberatung Oliver Wyman. Nur jeder zehnte Vorstandsvorsitzende nutzte LinkedIn oder Xing. Facebook lässt sich wegen der Privatsphäre-Einstellungen nur schwer messen — darüber gibt es also keine Informationen. Als Insider weiß ich: Facebook gilt vielen als absolutes No-Go.

An der Spitze herrscht derzeit also das große Schweigen im Socia-Media-Wald. In den anderen Vorstands-Ressorts geht es munterer zu: Immerhin ein Drittel der 195 Dax-Vorstände verfügt über einen Twitter-Account oder über Profile bei LinkedIn und Xing.

Als besonders zurückhaltend gelten die Manager der Autohersteller, ebenso wie die der Telekom- und Energiebranche. Viel aktiver sind die Vorstände aus der Industriegüter-, Konsumgüter- und der Unterhaltungsbranche. Vor allem dann, wenn die Konzerne enge Kontakte in die USA pflegen. Dort ist die Entwicklung vom uniformen Anzugträger zur unverwechselbaren Marke schon viel weiter fortgeschritten. Der Auftritt in sozialen Netzwerken wird also gezielt zur Imagepflege eingesetzt. Siehe John Legere. Siehe auch Donald Trump.[115]

Oder lieber doch twittern?

Wenn der US-Präsident twittert, dann mag das Signalwirkung haben und auch die hiesigen Konventionen verändern.

Im Moment sind noch nicht so viele Spitzenmanager in Social Media aktiv. Als Vorreiter gilt Karl-Thomas Neumann, der Fachbeiträge postet, auf YouTube Videocasts veröffentlicht und auch schon private, sportliche Erfolge auf Instagram gepostet haben soll.[116] Bei Siemens versucht man, einzelne Manager als »Influencer« zu etablieren. Was natürlich nicht von heute auf morgen funktioniert.

Interessant ist, so meine ich, die allgemeine Tendenz zur Boulevardisierung, die auch mit Social Media weiter beschleunigt wird: Es interessiert eben immer weniger das Statement eines Konzerns. Der User will Gesichter sehen. Emotionen. Vielleicht auch: Scheiternde Giganten.

Gerade das macht Donald Trump aus rein medialer Perspektive zu einem so interessanten Phänomen: Er zeigt extrem viel Gesicht und steht mit allem, was er tut, immer nur eine Handbreit entfernt vom Abgrund. Der Erfolg ist ihm so zwar nicht garantiert — aber immerhin die Aufmerksamkeit.

---

115 dpa: Dax-Chefs meiden Kurznachrichtendienst Twitter. In: Süddeutsche Zeitung vom 19.02.2017; www.sueddeutsche.de (www.sueddeutsche.de/news/wirtschaft/unternehmen-dax-chefs-meiden-kurznachrichtendienst-twitter-dpa.urn-newsml-dpa-com-20090101-170219-99-347699)
116 Schloßbauer, Susanne: Tweeten wie ein Profi: Kleiner Guide zum „Social CEO". In: Experteer.de vom 15.02.2017 (www.experteer.de/magazin/tweeten-wie-ein-profi-kleiner-guide-zum-social-ceo-infografik/)

6.3 Eine Marke – und trotzdem frei?

Für High Performer auf dem Weg an die Spitze heißt das: Es ist nicht so, dass jetzt weltweit der Anzug gegen das T-Shirt eingetauscht würde. Es kommt immer auf die Branche und das Unternehmen an sowie auf die Region, in der man tätig ist. Das T-Shirt genau wie das Paradiesvogeloutfit stehen auch nicht für eine »neue Freiheit«, es handelt sich lediglich um eine Positionierung in einem sehr genau abgesteckten Feld der möglichen Performance-Stile.

Es ist auch nicht so, dass »immer mehr« High Performer nun dazu übergehen, Luxuskonsum zu verstecken. Understatement oder nicht – das war schon immer eine Frage der Herkunft, und daran hat sich auch seit 2008 nicht viel geändert.

Was also tun? Krawatte oder nicht? Darauf gibt es keine pauschale Antwort. Was ich mit Sicherheit sagen kann, ist aber dies: An die Spitze kommt derjenige, der die ästhetischen Codes seiner »Bezugsgruppe« lesen kann und sich bewusst und konsequent *in* diesem Feld positioniert. Es gibt keinen Spielfeldrand in diesem Spiel.

Es ist niemals egal, ob jemand mit einem schwarzen Rollkragenpullover oder mit einem orangefarbenen T-Shirt auf die Business-Bühne geht. Es ist immer ein Statement – und Statements sollte man sich gut überlegen, wenn man eine herausragende Rolle spielen will.

Wichtig ist, dass High Performer sich mit ihrem gut durchdachten Outfit und ihrer Wort- und Bildkommunikation *wirklich* kongruent fühlen. Nur, wenn diese Kongruenz wirklich da ist, kann sie auch wirken. Kaum etwas wirkt seltsamer als ein Kunstsammler, der sich nicht für Kunst interessiert oder der Betreiber eines Social-Media-Kanals, der sich Twitter von der Tochter befüllen und der Sekretärin ausdrucken lässt. Das funktioniert nicht.

Letztendlich geht es hier um Authentizität. Starke Marken wirken immer »echt« und damit glaubwürdig.

Wer sich als High Performer als Marke selbst ausdenken und dabei radikale Freiheit leben will, der kommt aus dem goldenen Käfig der Selbstinszenierungen nicht heraus – er kann und sollte sich aber bewusst aussuchen, wo und wie genau er sich innerhalb dieses Käfigs positionieren will. Und er kann und sollte die Tür dieses Käfigs offen stehen lassen.

»Erhöhter Komplexität kann man auf Dauer nur begegnen, indem Kulturtechniken verfeinert werden – und genau das wird in Zukunft geschehen«, schreibt das Zukunftsinstitut. »Identity Management ist also mehr als nur ›Dienst ist Dienst und Schnaps ist Schnaps‹: Es ist das, was entstehen kann, wenn das Individuum einer übergriffigen Arbeitswelt und einem übergriffigen Internet mit neuem Selbstbewusstsein gegenübertritt – und Grenzen setzt.« [117]

Denn eine Marke ist immer eine Vereinfachung, eine klare, möglichst widerspruchsfreie Zuspitzung auf ein simples Bild. Ein High Performer kommuniziert über die von ihm selbst erschaffene Marke, er geht aber nicht restlos in dieser Marke auf. Kein Mensch ist frei von Widersprüchen und Abgründen. Vielmehr ist jeder Mensch komplex und unergründlich. Und das ist auch gut so — sonst wäre mein Job nicht so spannend.

117 Quelle: Nothenticity: Die Authentizität der Zukunft. (www.zukunftsinstitut.de/
artikel/nothenticity-die-authentizitaet-der-zukunft/)

Sechstes Fazit

Präsenz zeigen: Twittern reicht nicht. Wer sich durchsetzen will, muss sich auch „analog" zeigen. Die Selbstinszenierung ist ein Meisterstück des High Performers, seine heute vielleicht wichtigste Kernkompetenz. Einerseits muss sie prägnant und überzeugend sein, andererseits nicht selbstverliebt und überzogen. Ob eine Performance nun im klassischen Anzug oder im Pullover angemessen ist, ist vom Einzelfall abhängig. Es kommt allein darauf an, den richtigen Anschluss an die Bezugsgruppe herzustellen. Der Auftritt als Paradiesvogel — im pinkfarbenen Trainingsanzug, mit gelber Hornbrille oder roten Sneakers — ist ebenfalls möglich. Er bleibt allerdings denen überlassen, die bereits an der Spitze angekommen sind. Ein solcher Auftritt ist nicht unbedingt ein Statement radikaler Freiheit, sondern vielmehr eine Bestätigung der geltenden Regeln ex negativo.

Die Kunst der Kommunikation: Worte machen Stories, Storytelling schafft Vertrauen, Vertrauen baut Marken auf. Die besten unter den High Performern inszenieren sich heute selbst wie eine Marke. Sie stehen für eine große Mission, für das Gute, für das Neue — was auch immer. Je emotionaler sie ihre Story erzählen, desto intensiver das „Markenerlebnis". Die Kunst besteht darin, im richtigen Moment für die richtige Zielgruppe den richtigen Ton zu treffen. Und auch hier: radikale Freiheit zu leben. Es sind schon große Karrieren nur deshalb gescheitert, weil High Performer über ihre eigene Eitelkeit gestolpert sind — und sich abhängig gemacht haben vom Applaus der Öffentlichkeit. Gerade in Social Media ist es nicht leicht, das eigene Image vor billiger Boulevardisierung zu bewahren.

Marke sein und frei bleiben: Sich wirklich kongruent fühlen mit der Selbstinszenierung in Wort und Bild — das ist auf dem Weg an die Spitze erfolgsentscheidend. Letztendlich geht es um Authentizität. Nur wer glaubwürdig wirkt, der überzeugt. Es geht aber auch hier wieder um Freiheit. Ja, Selbstinszenierung muss heute sein. Aber das heißt noch lange nicht, dass High Performer der eigenen Inszenierung auf den Leim gehen. Die Inszenierung ist eine Sache — die Persönlichkeit eines Menschen ist die andere. Und die lässt sich niemals in eine Markenschublade sperren. Dazu ist sie viel zu komplex, und das ist auch gut so.

VII. Die Sinnfrage: High Performance um jeden Preis?

Die ganz großen Fragen tauchen häufig erst dann auf, wenn ein High Performer alles erreicht – oder alles verloren hat: Was genau heißt eigentlich Erfolg? Und was ist der Sinn dahinter? Jetzt geht es darum, die Prioritäten neu zu setzen. Zu lernen, mit dem eigenen „High Performance Drive" auf der Überholspur zu leben, ohne ins Schleudern zu geraten. Und die entscheidenden Weichen so zu stellen, dass man sich letztendlich sogar … einen „glücklichen Gewinner" nennen kann.

»Karriere ist etwas Herrliches,
aber man kann sich nicht
in einer kalten Nacht an ihr wärmen.«
Marilyn Monroe

7.1 Den richtigen Weg gibt es nicht

Wenn ich im Laufe meiner Tätigkeit eines gelernt habe, dann dies: Es gibt nicht den einen, den richtigen Weg an die Spitze. Für den einen ist ein Aufstieg in immer höhere Höhen der richtige Weg, der andere bleibt irgendwann auf der Strecke stehen und entscheidet für sich selbst — an dieser Stelle verzeihen Sie bitte den Ton, aber genau so höre ich es immer wieder:

> »Das wird mir zu heiß, ich mache diese Sauereien nicht mehr mit. Ich steige aus dem Konzern aus, ich will einen ganz normalen Management-Posten bei einem ganz normalen Mittelständler und das möglichst schnell.«

Von außen kann so eine Entscheidung aussehen wie ein Abstieg, der Einzelne aber erlebt seinen »Ausstieg« als Befreiungsschlag. Ein Befreiungsschlag aus dem sinnfreien und hektischen »Hier und Jetzt« der Meeting-Runden und Linienflüge. Ein Befreiungsschlag aus dem Lifestyle, den viele an der Spitze einerseits zwar genießen, andererseits aber als weiteren »Goldenen Käfig« empfinden, wenn der erste Rausch verflogen ist.

Sinnverlust im »Hier und Jetzt«

Der Schriftsteller Kurt Tucholsky traf schon 1919 den Nagel auf den Kopf: »Dieses Tempo, diese irrsinnige preußische Art, sich das Leben kaputtzumachen«, schrieb er. »Anderswo wird auch gearbeitet, und sicherlich so intensiv wie bei uns — aber man macht nicht solchen Salat daraus.«[118]

Der Salat ist längst aus den Fabrikhallen der Industrialisierung in den modernen Führungszirkeln angekommen. Es herrscht Unwohlsein in den Top-Etagen — zu diesem Schluss kommt eine Studie des Wissenschaftszentrums Berlin (WZB), der Personalberatung Egon Zehnder und der Stiftung Neue Verantwortung aus dem Jahr 2012.

---

118 Zit. nach Giersch, Torsten: Der Kampf gegen Zeitknappheit. In: Handelsblatt vom 29.08.2015; www.handelsblatt.com (www.handelsblatt.com/unternehmen/beruf-und-buero/wirtschaft_erlesen/stress-hektik-und-keine-ruhe-der-kampf-gegen-die-zeitknappheit/12166744.html)

Die Studie »zeichnet das Bild einer verunsicherten, dauergestressten, egoistischen Elite, die sich vor allem aufs Tagesgeschäft konzentriert«[119] – und auf sich selbst und den eigenen Geldbeutel. Um größere Ziele oder längerfristige Strategien geht es nicht, angesagt ist »ein kurzfristiger und übereilter Aktionismus«. Was laut Studien-Autor Jörg Ritter fehlt,

> *ist eine Klammer, die die Gesellschaft zusammenhält. Es gibt keinen übergreifenden Führungsanspruch. Auch viele Manager spüren inzwischen, dass wir in Probleme hineinlaufen und suchen händeringend nach Antworten.«*

Es fehle, so kommentierte das Manager Magazin diese Studie, an weit blickenden Persönlichkeiten wie Alfred Herrhausen, denen nicht nur die eigene Gewinnmaximierung und Gehaltsoptimierung, sondern das Geschick des eigenen Unternehmens am Herzen liegt, und mehr noch: das ganze Land, die ganze Welt.

Mein Eindruck: Es gibt diese großen Persönlichkeiten immer noch, aber sehr selten. Oft sind sie heute schon hoch betagt und wirken diskret im Hintergrund als Mentoren und Netzwerker, als Stifter, Förderer und Ermöglicher. Das, was sie tun, das tun sie aus Überzeugung und *pro bono*. Millionengehälter interessieren diese Persönlichkeiten nicht.

Spitzen-Lifestyle als goldener Käfig

Die sehr hohen Einkommen derjenigen, die heute im Business an der Spitze stehen, ziehen fast unweigerlich einen Lifestyle nach sich, für den das Wort »exklusiv« noch untertrieben ist.

In lockerer Rotweinrunde wird dann am Abend über die Zweit-, Dritt- und Viertwohnung an für Normalverbraucher nur schwer zugänglichen Orten der Welt parliert, über Privatjets und geheime Bildersammlungen. Spätestens in diesen Runden zeigt sich: Du gehörst dazu und kannst mitreden. Oder nicht.

Wir haben hierzulande längst eine Elite, die sich von den »normalen Spitzenverdienern« sehr weit entfernt hat. Es liegen »kaum überbrückbare Dimensionen« zwischen diesen beiden Sphären, konstatiert das Manager Magazin.

---

119 Hirn, Wolfgang; Müller, Henrik: Hauptsache oben. In: Manager Magazin vom 06.06.2012; www.manager-magazin.de (www.manager-magazin.de/finanzen/artikel/a-837166-3.html)

»Sicher, es geht nicht nur um Geld. Aber die gigantischen Gehaltsunterschiede verstärken den verbreiteten Eindruck, wonach die Wirtschaftselite in anderen Sphären lebt, fühlt, denkt und handelt als der Rest der Gesellschaft.« [120]

Wer da mithalten will, der muss sich auf ein Leben einstellen, das permanent auf der Überholspur stattfindet. Das kann einerseits hoch attraktiv wirken, andererseits aber auch ermüdend. Und zwar dann, wenn unterwegs irgendwann der Sinn der Sache auf der Strecke geblieben ist.

»Born to Run«

Fragt sich nur: Wie kommt der Sinn in die Arbeit? Und wie bleibt er darin? Historisch betrachtet ist er als Zutat der Arbeit gar nicht vorgesehen — zumindest nicht in der überhöhten Form, in der wir heute zumeist darüber sprechen. Im Altertum galt Arbeit sogar als Sache der Sklaven. Wer arbeiten musste, dem war ein zufriedenes und wertvolles Leben versperrt. Dass ausgerechnet Arbeit so etwas wie Glück oder Sinn stiften könne, war in dieser Zeit eine geradezu absurde Idee. Noch im Mittelalter war Arbeit gleichbedeutend mit Mühe und Not. Erst mit dem aufstrebenden Bürgertum änderte sich das Image der Arbeit: Erstmals konnte eine gute wirtschaftliche Position die soziale Positionierung verbessern. Und je besser diese soziale Positionierung, desto freier war der Mensch. Ein gravierender Paradigmenwechsel, den Christopher Schmidt in der Philosophie-Zeitschrift »Hohe Luft« so beschreibt:

»Das Notwendige galt nicht länger als Feind der Freiheit, es war vielmehr nun deren Voraussetzung. Hier liegt die Grundlage unseres modernen Arbeitsbegriffs, der Lustgewinn an den Erwerbstrieb koppelt und die Arbeit zum zentralen Bezugspunkt unserer Existenz erklärt, in der sich das Subjekt seiner selbst vergewissert, ja überhaupt erst findet.« [121]

So entsteht die Idee, im Prinzip könne jeder sich selbst völlig frei erfinden und mehr noch, alles sei für jeden möglich — es komme nur darauf an, wie tief man das Gaspedal durchzudrücken in der Lage sei.

Das höchste Ziel des Menschen in der Antike und im Mittelalter bestand darin, Ruhe zu finden. Seelenruhe. Das höchste Ziel heute scheint es zu

---

120 Hirn, Wolfgang; Müller, Henrik, a.a.O.
121 Schmidt, Christoper: Nichts als Arbeit. In: Hohe Luft, Schwerpunkt Freiheit. Ausgabe 3/2012, Seiten 37 bis 41, hier Seite 39

sein, noch mehr Gas geben zu können. Noch mehr Herausforderung, noch mehr Nervenkitzel, noch mehr Erfolg.

Bruce Springsteen hat seine Autobiografie »Born to Run« genannt. Er beschreibt das Leben eines Getriebenen, eines geradezu Besessenen. Was treibt ihn eigentlich an? Unklar. Hauptsache, es geht weiter. Das Rennen auf der Rennstrecke ist zum Selbstzweck geworden. Und das ist der Grund, warum es für viele hoch erfolgreiche Menschen einfach nicht aufhören kann und darf.

Damit das Rennen niemals aufhören muss, wenden etliche High Performer einen einfachen Kniff an: Sobald das angepeilte Ziel ins Blickfeld rückt, schieben sie es noch ein Stück weiter. Dieses Phänomen hat Robert Pirsig in seinem Buch »Zen oder Kunst ein Motorrad zu warten« besonders treffend beschrieben. Er vergleicht einen Bergsteiger, der sich — innerlich frei — auf den Berg einlässt. Und einen zweiten, der sich nur auf sich selbst konzentriert: Dieser

> »ist hier und doch nicht hier. Er lehnt sich auf gegen das Hier, ist unzufrieden damit, möchte schon weiter oben sein, doch wenn er dann oben ist, ist er genauso unzufrieden, weil eben jetzt der Gipfel ‚Hier' ist. Worauf er aus ist, was er haben will, umgibt ihn auf allen Seiten, aber das will er nicht, weil es ihn auf allen Seiten umgibt. Jeder Schritt ist eine Anstrengung, körperlich wie geistig-seelisch, weil er sich sein Ziel als äußerlich und weit weg vorstellt.«[122]

Ein solcher Weg führt logischerweise niemals zum Ziel, konsequent gegangen aber in die totale Erschöpfung. Womit sich die Frage stellt: Welcher Antrieb steht eigentlich dahinter? Die Lust und der Wille, das ferne Ziel zu erreichen? Oder ist »Born to Run« nicht vielmehr eine *Flucht* nach vorn? Und wenn ja: Eine Flucht vor was? Ein Psychologe würde jetzt antworten: Vor dem Leben, vor der Liebe, vor dem Tod. Ein Soziologe würde sagen: Vor der Mittelmäßigkeit des eigenen Herkunftsmilieus. Ich sage nur: Sinnlosigkeit, garniert mit Milliarden von Fusseln.

---

122 Zit. nach Berzbach, Frank: Die Kunst ein kreatives Leben zu führen. Anregung zu Achtsamkeit. Mainz: Verlag Hermann Schmitt 2013, Seite 54

7.2 Raus aus der Zwickmühle

So sind wir also in einer Zwickmühle? Wir starten den Weg an die Spitze, um herauszukommen aus den sinnlosen Tätigkeiten der »Lehrjahre-sind-keine-Herrenjahre« im Keller und enden nach einem im Idealfall kometenhaften Aufstieg wieder in der Sinnlosigkeit, jetzt nur mit teurem Teppich auf dem Boden, Kunst an der Wand und dem neuesten Smartphone in der Tasche?

Auf der Suche nach sinnstiftender Arbeit

Es ist in praktisch jedem Buch, in jedem Beitrag zum Thema so. Sobald diese Zwickmühle entdeckt ist, tritt eine neue Spezies auf die Bühne: Die »jungen Menschen« (»Generation Y« mag man schon gar nicht mehr sagen, seit die Sache als reines Medienphänomen entlarvt ist und »Millennials« kommen auch in die Jahre).

»Junge Menschen wollen heute lieber keine reichen, aber durchgedrehten Manager mit Augenringen und ohne Zeit für Familie und Leben werden, lieber nicht wie Lemminge ins Büro marschieren, lieber keine Durchschnittsjobs machen«,[123]

heißt es in den Jugendseiten der Süddeutschen Zeitung (»jetzt«). Junge Menschen möchten lieber etwas tun, was sinnvoll ist und glücklich macht.

Nur: Was ist das? Wie erreicht man das? Woran bemisst man dieses Ziel? CEO — das steht irgendwann auf der Visitenkarte oder auch nicht. Glück und Sinn aber bleiben hochgradig subjektiv und damit hochgradig störanfällig.

Wenn es schlecht läuft, machen genau diese Lebensziele sogar unglücklich, ist in »jetzt« zu lesen: Die unbedingte Suche nach Sinn sei auch »nur eine Spielart des Ehrgeizes. Und zwar eine kompliziertere: Glück ist schwerer zu finden, als richtig hart Karriere zu machen.« Der damit verbundene Leistungsdruck ist also noch »fieser«.

Ist die Suche nach Sinn in der Arbeit damit hinfällig? Ich sage: Nein. Diese Suche ist sinnvoll. Sie geht aber anders.

---

123 Lauenstein, Mercedes: Auf der Suche nach sinnstiftender Arbeit. In: Jetzt vom 30.03.2017; www.jetzt.de (www.jetzt.de/arbeitsleben/suche-nach-sinnstiftender-arbeit)

Bitte Abstand halten

Erfolg auf dem Weg an die Spitze kann ein sehr beglückendes Erlebnis sein, wenn dieser Erfolg verknüpft ist mit der Erfahrung, selbst etwas bewegen zu können und dafür anerkannt zu werden. Je mehr dieses »etwas bewegen« nicht nur mit dem Bewegen hoher Budgets zu tun hat, sondern mit dem Bewegen von Biografien, von technischen oder sozialen Entwicklungen, von Forschung und Kultur, desto größer die Erfahrung von Sinn. Und Glück.

Wenn dies gelingt, dann geht ein High Performer »in seiner Arbeit auf«. Es klingt paradox, doch an dieser Stelle muss ich sofort den Rückwärtsgang einlegen. Das »Aufgehen in einer Tätigkeit« gelingt dann besonders gut, wenn gleichzeitig immer ein innerer Abstand gewahrt wird. Das eigene Unternehmen ist eben nur ein sehr kleiner Ausschnitt der globalen Wirtschaft, die eigene soziale Bezugsgruppe ist eben nicht die ganze Gesellschaft, das eigene Thema ist nur eins von unendlich vielen anderen und die eigene Position nicht der Dreh- und Angelpunkt des Universums.

»Wer für umfassendere Ziele arbeitet, der muss Distanz zur Arbeit halten und gerade nicht in ihr verschwinden. Dieser gesunde Abstand schafft innere Freiheit, die sowohl für die Motivation, aber auch die Kreativität förderlich ist«,

so Frank Berzbach in seinem Plädoyer, neben allen drängenden Meetings nicht die Gestaltung des wichtigsten Projekts überhaupt zu vergessen: Die Gestaltung des eigenen Lebens.[124]

Überholspur ins Nirwana

An dieser Stelle möchte ich noch einmal das Thema »Outplacement-Beratung« aufgreifen. Natürlich sind nicht alle Beratungen gleich und es mag auch erfolgreiche Konzepte geben. Häufig jedoch beobachte ich, dass Outplacement als reines Oberflächentheater inszeniert wird: da werden Antworten auf typische Personalerfragen aufgesagt, Körpersprache geübt, womöglich noch Von-der-Stange-Antworten auf Farb- und Stilfragen gegeben. Es wird aber oft nicht geklärt, warum jemand losgerannt ist, wohin er eigentlich wollte und was er dort zu finden hoffte.

124 Berzbach, Frank, a.a.O., Seite 55

Outplacement-Beratung ist schlimmstenfalls nichts weiter als umgeleitete Unruhe. Ein bisschen Motivation für das nächste Kapitel »Born to Run«, gepowert mit Standard-Lebensläufen an 1.000 irrelevante Adressen. So läuft der »Run« leider häufig in Richtung Nirwana – in der Vorstellungswelt des Buddhismus der ideale Zustand im Jenseits. Also nicht der ideale Ort in einem Alter, in dem man im Diesseits noch einiges bewegen möchte.

Im Dialog sein – weiter kommen

Wenn persönliche Berater vom Arbeitgeber eingekauft werden, um Frust und Enttäuschung aufzufangen, dann handelt es sich meiner Einschätzung nach nicht um wirkliche Dialogpartner. Was, bitteschön, soll da im Dialog entstehen? Wirklich neue, überraschende Perspektiven für den Einzelnen wohl kaum, denn um die geht es nicht und die sind in den Standardabläufen auch nicht wirklich vorgesehen.

Ein echtes Gespräch ist auch im Kreis der Führungskräfte auf gleicher Ebene zumeist nur schwer erreichbar – zu sehr durchdringen sich hier Kooperation und Konkurrenz. Dazu kommt der Zwang, jederzeit eine überzeugende Performance abzuliefern, um sich nur nicht angreifbar zu machen. Sobald einer der Gesprächspartner Gedanken »an die eigene Wirkung als Sprecher« verschwendet oder allzu krampfhaft versucht, »ein zur Geltung kommendes Ich vernehmen zu lassen«, ist das »echte Gespräch« zerstört – so Martin Buber in seiner klassischen Studie »Das Dialogische Prinzip«.[125]

In meinem ersten Buch »Kandidaten lesen« habe ich detailliert meine Methode vorgestellt, Kandidaten mit gezielten Provokationen falsche High-Performance-Masken vom Gesicht zu reißen. Doch das ist immer nur der erste Schritt. Im zweiten Schritt folgt ein Dialog in aller Offenheit und in einem absolut sicheren Rahmen.

Es geht um Reflexion und Entwicklung der eigenen Haltung. Wobei eine starke Haltung nicht etwas ist, das man in einem Wochenendseminar einkauft oder sich von einem persönlichen Berater in zehn markanten Sätzen formulieren und in Gold rahmen lässt. Haltung macht Arbeit. Haltung wächst an Widerständen und in Momenten des Scheiterns.

»Der Weg, der vor Dir liegt, ist wie ein pockennarbiges Gesicht, hat Unebenheiten, Abgründe und Verzweigungen«, hat der heute 66-jährige Richard

---

125 Buber, Martin: Das Dialogische Prinzip. Gerlingen: Schneider 1994, Seite 294

Branson jüngst an sein 25-jähriges Ich geschrieben. »Es wird Tage geben, an denen Du aufgeben und alles hinschmeißen willst. (...) Es ist wichtig, dass Du wieder aufstehst, ein paar Schritte zurück gehst, schaust, was schief gelaufen ist und von den Fehlern lernst.«[126]

Am besten, so meine Erfahrung, zusammen mit einem Gegenüber. Denn Haltung kristallisiert sich im Dialog mit einem Partner. Und besonders klar dann, wenn der Partner völlig frei von Interessen ist: Also nicht Teil der Familie, nicht Teil des engsten Freundeskreises und auch nicht Teil des engsten Führungskreises eines Unternehmens.

Im Dialog geht es nicht nur um das *Warum* (die Ambition, die Motivation) und auch nicht nur um das *Wohin* (C-Level, externe Funktion, Fachkarriere, Ausstieg). Es geht um das *Wie*. Noch einmal:

> *»Radikale Freiheit lebt nicht davon, dass Menschen so handeln, wie sie »wirklich sind«. Radikal freie Menschen »sind« vielmehr so, wie sie wirklich handeln.«*[127]

Wer im Dialog jäh begreift, wie er handeln möchte, der kann seinen Weg ganz neu bestimmen. Und wenn er weiß, wie er handeln möchte, dann hat er auch noch eine tiefere Wahrheit verstanden: Sein ganz persönliches »Wozu?« Das »Wozu?«, für das er gerne kalkulierbare Risiken eingeht und für das er immer wieder seinen Optimismus mobilisiert.

Führungspersönlichkeiten, die an diesem Punkt angekommen sind, gieren typischerweise nicht mehr nach noch mehr Positionen, noch mehr Reputation und noch mehr Vergütung. Sie wollen − und das klingt jetzt fast pathetisch − Dinge zum »Guten« hin bewegen. Mit dieser Haltung wird die Perspektive dann plötzlich ganz weit: Es kommt dann wirklich nicht mehr darauf an, »was« exakt wir bewegen und bewältigen wollen, sondern mit welcher Haltung wir das tun − und das kann eben sehr vieles sein.

Mit dieser Haltung verwandelt sich endlich auch High Performance vom schmerzhaften Leistungssport zu einem Akt der Freiheit. High Performance und Freiheit lassen sich auf dem Weg an eine selbst definierte Spitze tatsächlich verbinden. Man muss es nur tun.

---

126 ohne Autor/Capital Redaktion: Richard Branson: Brief an sein 25-jähriges Ich. In: Capital vom 07.04.2017; www.capital.de (www.capital.de/themen/richard-branson-brief-an-sein-25-jaehriges-ich.html)
127 Reinhard, Rebekka, a.a.O., Seite 24

Siebtes Fazit

Den richtigen Weg gibt es nicht: Es gibt nicht die eine Strategie für alle High Performer. Es gibt nicht den einen, richtigen Weg an die Spitze. Was genau „die Spitze" ist, das entscheidet jeder für sich selbst. Und den richtigen Weg findet auch jeder für sich selbst — und zwar erst dann, wenn er schon unterwegs ist. Ob der Weg als erfüllend erlebt wird oder nicht, ist nicht eine Frage des Erfolgs allein, sondern vor allem eine Frage der inneren Freiheit.

Raus aus der Zwickmühle: Ein exklusiver Lebensstil kann sich zu einem goldenen Käfig entwickeln, der jahrelange Wettlauf an die Spitze zu einem zwanghaften Getriebensein. Der Ausweg zeigt sich demjenigen, der inneren Abstand bewahrt zu den Insignien des Erfolgs und sich bewusst hält, wozu er ursprünglich angetreten ist, was er eigentlich tun wollte.

Im Dialog sein — weiter kommen: „Born to Run", das Rennen um des Rennens Willen führt nirgendwo hin. Deshalb ist es sinnvoll, sich rechtzeitig einen Dialogpartner zu suchen. In einem fruchtbaren Dialog zeigen sich nach und nach immer tiefere Schichten — bis hin zur große Frage nach dem Sinn. Und schließlich wird klar: High Performance ist nicht nur ein „Weg". Sondern eine Haltung.

Executive Summary

Globale politische Spannungen, unberechenbare Player, Shitstorms und Terror — das sind die Rahmenbedingungen unserer Zeit. Sie machen es High Performern schwer, ihren Weg an die Spitze zu gehen. Wie lässt sich der Weg trotzdem meistern?

Die Gunst der Stunde nutzen: High Performer folgen oft der Sogwirkung einer als attraktiv empfundenen, hochkarätigen Business Community. Der Instinkt treibt sie in die richtige Richtung. Wenn dann noch die Fähigkeit dazu kommt, kleine Chancen in große Erfolge zu verwandeln, steht der großen Karriere kaum mehr etwas im Weg.

Spielregeln verstehen: Konzerne, Mittelständler, Start-ups — derzeit agieren verschiedenste Organisationsformen gleichzeitig, zum Teil sogar parallel im gleichen Unternehmen. Die Herausforderung für High Performer besteht darin zu erkennen, in welchem Moment ein Habitus alter Schule gefragt ist und wann auf Start-up-Attitüde umgeschaltet werden muss.

Eigene Spielregeln aufstellen: High Performer entscheiden selbst, welche Schritte sie in ihrem Leben relevant finden und welche nicht, welche Spitze sie erreichen wollen und wann sie ihr Spiel beenden. Das eigene Lebensmodell spielt heute eine sehr viel größere Rolle als das, was sich andere unter einer erfolgreichen Biografie vorstellen.

Sich selbst in Frage stellen: Im Prinzip kann heute jeder Job einer Disruption zum Opfer fallen — auch C-Level-Positionen. High Performer denken disruptiv, bevor es andere für sie tun. Statt „entweder — oder" schalten sie in den Modus „sowohl — als auch". Gerade in großen Karrieren lässt sich heute das verbinden, was lange als inkompatibel galt: Flexibilität und Sicherheit, breites und tiefes Wissen und nicht zuletzt Abhängigkeit und Freiheit. Man muss nur den Mut haben, C-Level-Jobs anders zu denken.

Sich coachen lassen: Im High-Performance-Coaching geht es darum, neue Perspektiven zu öffnen. Und zwar völlig unabhängig von überkommenen Vorstellungen von Erfolg, Macht und Anerkennung. Ziel ist radikale Freiheit — nicht nur im Denken, sondern im Handeln. Denn der Mensch handelt nicht so, wie er „wirklich ist". Sondern er ist so, wie er tatsächlich handelt. Deshalb bringt die Reflexion des eigenen Handelns auf dem Weg an die selbst definierte Spitze enorm voran.

In meinen eigenen Coachings geht es darum, den Kandidaten zu „lesen", ihn also mit all seinen Kompetenzen, Abgründen und in seiner Haltung zu verstehen. Dann steht Reflexion in Mittelpunkt: Wohin soll der Karriereweg führen? Im nächsten Schritt versuche ich, die richtige Passung zu einer möglichen Position herzustellen. Und schließlich vermittele ich das exklusive und sehr spezifische Habitus-Wissen, das der Kandidat unbedingt haben muss, um eine sichere, langfristig tragfähige Kommunikationsbasis in einem ganz bestimmten Unternehmen aufzubauen.

Türöffner finden: Zugang zu exklusiven Business-Netzwerken können sich High Performer in der Regel nicht selbst verschaffen. Hier kommen Mentoren ins Spiel, die gezielt Empfehlungen aussprechen und Kontakte herstellen. Wenn ein High Performer Nutzen bietet, wenn er statt nur selbst Anerkennung zu suchen auch Anerkennung bietet und wenn er bereit ist, eigene Kontakte zu teilen, dann kann er sein eigenes Netzwerk über Jahre und Jahrzehnte immer weiter ausbauen.

Präsent sein: Twittern reicht nicht. Wer sich durchsetzen will, muss sich auch „analog" zeigen und begeistern können. Die Selbstinszenierung gilt heute als vielleicht wichtigste Kernkompetenz. Ob eine Performance nun im klassischen Anzug oder im Pullover angemessen scheint, ist vom Einzelfall abhängig. Es kommt allein darauf an, den richtigen Anschluss an die Bezugsgruppe herzustellen. Und das eigene Ego nicht allzu opulent auszuschmücken — Narzissmus ist kontraproduktiv.

Frei bleiben: Ist der Weg an die Spitze gelungen, kann sich der dort gepflegte Lifestyle zu einem goldenen Käfig entwickeln und der Wettlauf an immer neue Spitzen zu einem zwanghaften Getriebensein. Doch das muss nicht so sein. Der Ausweg zeigt sich den High Performern, die ihre innere Freiheit bewahren: die sich von den Insignien des Erfolgs nicht korrumpieren lassen und sich bewusst halten, wozu sie ursprünglich angetreten sind.

Dialogpartner suchen: In der operativen Hektik vergessen auch High Performer gelegentlich, welchen Sinn sie einmal mit ihrem Ziel — ihre Idee einer bestimmten „Spitze" — verbunden hatten. Deshalb ist es ratsam, sich rechtzeitig einen Dialogpartner zu suchen und das tägliche Tun gemeinsam zu reflektieren. So kristallisiert sich Haltung. High Performance ist letztendlich nicht nur ein „Weg". High Performance ist eine Haltung.

Der Autor

Dr. Wolfgang K. Eckelt ist geschäftsführender Gesellschafter der Eckelt Consultants GmbH in Stuttgart, einem führenden Personalberatungsunternehmen für die Besetzung von Spitzenpositionen u.a. in der Automotivebranche. Als exzellenter Networker mit besten Kontakten in die Top-Etagen der deutschen Industrie steht er ausgewählten Spitzenmanagern als Dialogpartner in Strategie- und Karrierefragen zur Seite und immer dann, wenn es um persönliche Veränderungsprozesse geht.

Seit 2004 ist er Herausgeber des Business Magazins »Top Career Guide Automotive«, in dem sich relevante Player der Branche präsentieren und in Fachbeiträgen die technischen, ökonomischen und politischen Fragen erörtern, die die Branche aktuell umtreibt. Das »Who is Who« der Branche trifft sich darüber hinaus auf persönliche Einladung beim jährlich stattfindenden »Eckelt Consultants Business Talk« in Stuttgart. Mit seinem Insider-Wissen rund um HR-Themen und Top-Karrierestrategien in der Automobil- und Maschinenbaubranche ist Wolfgang K. Eckelt ein gefragter Autor und Vortragsredner.

www.eckelt-consultants.de

Literatur

A

Arendt, Hannah: Vita activa oder vom tätigen Leben. München 2002 (OA 1967)

Assig, Dorothea; Echter, Dorothee: Ambition. Wie große Karrieren gelingen. Frankfurt am Main 2012

Ayan, Steve: Eine Formel für Glückspilze. In: Gehirn & Geist 11/2016, S. 12 – 17

B

Bartmann, Christoph: Leben im Büro. Die schöne neue Welt der Angestellten. München 2012

Bender, Gunnar; Milde, Georg; Pehlert, Jessica: Disruptive Affairs. Neue Denkansätze für Kommunikatoren im Zeitalter digitaler Transformation. Berlin/ Kassel 2016

Berzbach, Frank: Die Kunst ein kreatives Leben zu führen. Anregung zu Achtsamkeit. Mainz 2013

Botton, Alain de: Statusangst. Frankfurt am Main 2004

Bourdieu, Pierre: Die feinen Unterschiede. Kritik der gesellschaftlichen Urteilskraft. Frankfurt am Main 1987 (OA 1979)

Buber, Martin: Das Dialogische Prinzip. Gerlingen 1994

Bundesverband Deutscher Unternehmensberater BDU e.V.: Outplacementberatung in Deutschland 2015/2016. Bonn 2016

Burfeind, Sophie: Wenn Gründer sich kaputtarbeiten. In: Süddeutsche Zeitung vom 14.02.2017

C

Capital Redaktion: Richard Branson: Brief an sein 25-jähriges Ich. In: Capital vom 07.04.2017

Capital-Redaktion: Das sind die Top-Verdiener aus dem MDAX. In: Capital 23.02.2017

Center of political economy and society (copes) an der Quadriga Hochschule Berlin; Roland Berger Strategy Consultants: Perception beats Performance – woran Manager scheitern. Berlin/München 2015

D

Demmer, Christine: Die gecoachte Nation. In: Süddeutsche Zeitung vom 17.05.2010

Dombek, Kristin: Die Selbstsucht der anderen. Ein Essay über Narzissmus. Berlin 2016

dpa: Das Comeback des Rennfahrers. In: Handelsblatt vom 23.08.2013 dpa: Dax-Chefs meiden Kurznachrichtendienst Twitter. In: Süddeutsche Zeitung vom 19.02.2017

dpa: Der Chefsessel wird zum Schleudersitz. In: Wirtschaftswoche vom 19.04.2017

dpa: Milliarden mit der «Chef-Masche»: Betrüger plündern Firmen. In: Süddeutsche Zeitung vom 06.07.2016

E

Eckelt, Wolfgang K.: Zu selten Präsentieren sich Unternehmen als interessante Arbeitgeber, in: Top Career Guide Automotive, Jg. 5, 2009, S. 120 – 121

Eckelt, Wolfgang K.: Die Krise bietet Chancen, in: Top Career Guide Automotive, Jg. 6, 2010, S. 106 – 108

Eckelt, Wolfgang K.: Exzellente Perspektiven für Top-Performer, in: Top Career Guide Automotive, Jg. 7, 2011, S. 137 – 139

Eckelt, Wolfgang K.: Vom Umgang mit vernetzten Kompetenzdarstellern, in: Top Career Guide Automotive, Jg. 8, 2012, S. 98 – 99

Eckelt, Wolfgang K.: Bewerber wollen Premium, in: Top Career Guide Automotive, Jg. 9, 2013, S. 102 – 104

Eckelt, Wolfgang K.: Interview mit Wolfgang K. Eckelt, in: Esch, Franz-Rudolf (Hrsg.), Strategie und Technik des Automobilmarketing, Wiesbaden 2013, S. 293 – 300

Eckelt, Wolfgang K.: Wer Kandidaten lesen will, muss völlig andere Fragen stellen, in: Top Career Guide Automotive, Jg. 10, 2014, S. 112 – 114

Eckelt, Wolfgang K.: Der Erfolg hängt an den Mitarbeitern – ohne das richtige Management kein profitables Wachstum, in: Ebel, Bernhard/ Hofer, Markus B. (Hrsg.), Automotive Management. Strategie und Marketing in der Automobilwirtschaft, 2. Aufl., Berlin 2014, S. 235 – 252

Eckelt, Wolfgang K.: Wer High-Potentials sucht muss Performance neu denken, in: Top Career Guide Automotive, Jg. 11, 2015, S. 65 – 67

Eckelt, Wolfgang K.: Bindungswirksamkeit von Personalrekrutierungsmaßnahmen von High Potentials in der Automobilindustrie – Bestandsaufnahme und theoretische Weiterentwicklung, Universität Bremen 2015, Online: https://nbn-resolving.de/urn:nbn:de:gbv:46-00104244-14

Eckelt, Wolfgang K.: Warum Industrie 4.0 keine Hipster braucht – sondern Könner, in: Top Career Guide Automotive, Jg. 12, 2016, S. 46 – 47

Eckelt, Wolfgang K.: Kandidaten lesen. Mit dem Headhunter-Schlüssel zu treffsicheren Personalauswahl, 2. Aufl., Wiesbaden 2016

Eckelt, Wolfgang K.: Dringend gesucht: Agile Gentlemen, in: Top Career Guide Automotive, Jg. 13, 2017, S. 128 – 129

Eckelt, Wolfgang K.: Assessing Job Candidates for Fit – How Headhunters Select and Hire the best Job Candidates, in: Bargende, M./Reuss, H.-Ch./Wiedemann, J. (Hrsg.), 17. Internationales Stuttgarter Symposium Automobil- und Motorentechnik, Wiesbaden, (erscheint Juni 2017)

Ernst & Young: Wie Sie Ihre Chancen auf eine Karriere im Aufsichtsrat maximieren. Online unter www.ey.com

F

Freisinger, Gisela Maria; Schwarzer: Ursula: Basis Instincts. In: Manager Magazin 3/2017, S. 106−111

G

Gauto, Anna; Rickens, Christian: Richtig aussteigen. In: Handelsblatt vom 24./25./26.02.2017, Seite 60−61
Giersch, Torsten: Der Kampf gegen Zeitknappheit. In: Handelsblatt vom 29.08.2015
Gladwell, Malcolm: Überflieger. Warum manche Menschen erfolgreich sind − und andere nicht. München 2012
Goffman, Erving: Wir alle spielen Theater. Die Selbstdarstellung im Alltag. München 2013 (OA 1959)
Gottschalck, Arne: Die immer gleichen Chefs. In: Manager Magazin 10/2016
Gratwohl, Natalie: Der Schock nach der Kündigung. In: Neue Zürcher Zeitung vom 03.06.2016
Greene, Robert: Power. Die 48 Gesetze der Macht. München 2002

H

Habdank, Philipp: CFO Ralph Heuwing will Dürr verlassen. In: finance-magazin.de vom 30.06.2016
Haberl, Tobias: Der große Kater. In: Süddeutsche Zeitung vom 07.02.2017
Hagelüken, Alexander: Neue Ideen gegen starre Hierarchien. In: Süddeutsche Zeitung vom 25.10.2016
Han, Byun-Chul: Psychopolitik. Neoliberalismus und die neuen Machttechniken. Frankfurt am Main 2015
Hirn, Wolfgang; Müller, Henrik: Hauptsache oben. In: Manager Magazin 6/2012
Hofert, Svenja: Agiler führen. Wiesbaden 2016
Hornung, Stefanie: »Netzwerke sind die Organisationsformen der Zukunft.« Blog vom 24.10.2016. Online unter blog.zukunft-personal.de

J

Jansen, Stephan A.: Hat schönes Wirtschaften einen Geschmack? In: brand eins 12/2016
Jullien, François: Über die Wirksamkeit. Berlin 1999

K

Kaelble, Martin: Was man von Start-Ups lernen kann. In: Capital.de vom 25.01.2017
Kals, Ursula: »In jedem dritten Fall mobbt der Chef.« Gespräch mit Wirtschaftspsychologin Gabriele Bringer. In: Frankfurter Allgemeine Zeitung vom 21./22.01.2017
Klimm, Leo: Dieser Mann will Opel umkrempeln. In: Süddeutsche Zeitung vom 07.03.2017

Koch, Christoph: Schneller! In: brand eins 06/2016

Krznaric, Roman: Wie man die richtige Arbeit für sich findet. Kleine Philosophie der Lebenskunst. München 2012

L

Laudenbach, Peter: »Wir erleben einen emotionalen Klimawandel.« Georg Franck im Interview. In: brand eins 02/2017

Laudenbach, Peter: Die Hose spricht. Barbara Vincken im Interview. In: brand eins 12/2016

Lauenstein, Mercedes: Auf der Suche nach sinnstiftender Arbeit. In: Jetzt vom 30.03.2017

Legere, John: Die Lust am Lästern. In: Harvard Business Manager 3/2017, S. 50−56

M

Machatschke, Michael; Mehringer, Martin: Raus und aus? In: Manager Magazin 5/2017, S. 76−81

Meck, Georg: »Mädels, studiert Mathe!« In: Frankfurter Allgemeine Sonntagszeitung vom 15.01.2017

Meck, Georg: Was Cryan von Zetsche lernen kann. In: Frankfurter Allgemeine Zeitung vom 07.02.2016

Münkler, Herfried: Wer zu viele Bedenken hat, kommt nicht an die Spitze. In: Harvard Business Manager 3/2017, S. 90−93

N

Nasher, Jack: Überzeugt! Wie Sie Kompetenz zeigen und Menschen für sich gewinnen. Frankfurt am Main 2017

Neckel, Sighard; Wagner, Greta (Hg.): Leistung und Erschöpfung. Burnout in der Wettbewerbsgesellschaft. Berlin 2013

Neuhaus, Andreas: »Der Anfang vom Ende bei VW«. In: Wirtschaftswoche vom 21.11.2016

O

Oberhuber, Nadine: Nicht ohne meinen Coach. In: Frankfurter Allgemeine Sonntagszeitung vom 08.01.2017

Oberndorfer, Elisabeth: Von der Happiness-Maschine zum führungslosen Chaos: So vergrault der Zappos-Chef seine Mitarbeiter. In: t3n.de vom 20.05.2015

Obmann, Claudia: Ab in den Ashram, Chef! In: Handelsblatt vom 17.−19.02.2017

P

ppa: ZDF stellt klar: Es war ein Fake. In: n-tv.de vom 19.03.2015

Pirsig, Robert M.: Zen oder die Kunst, ein Motorrad zu warten. Frankfurt am Main 1989

Prisching, Manfred: Das Selbst, die Maske, der Bluff. Über die Inszenierung der eigenen Person. Wien/Graz/Klagenfurt 2009

R

Radatz, Sonja: Beratung ohne Ratschlag. Systemisches Coaching für Führungskräfte und Beraterinnen. Wien 2009

Reinhard, Rebekka: Welche Freiheit brauchen wir? In: Hohe Luft 2/2017, S. 18−25

Rexer, Andrea: Anshu Jain geht zurück auf Los. In: Süddeutsche Zeitung vom 03.01.2017

Rooijen, Jeroen Van: Was ist heute ein Statussymbol? In: Bellevue NZZ vom 14.03.2017. Online unter www.bellevue.nzz.ch

Rosa, Hartmut: Resonanz. Eine Soziologie der Weltbeziehung. Berlin 2016

Rose, Nico: Was ist eigentlich Coaching − und ist es für mich wichtig? In: Lead-Digital.de vom 11.02.2016

Rusbridger, Alan: Play it Again: Ein Jahr zwischen Noten und Nachrichten. Zürich 2015

S

Sack, Stefan: Stoftware Development 4.0 − Agile: Was bedeutet Karriere in einer agilen Organisation? In: Capgemini IT-Trends-Blog vom 11.12.2015. Online unter www.de.capgemini.com/blog/it-trends-blog/

Safranski, Rüdiger: Das Böse oder Das Drama der Freiheit. Frankfurt am Main 1999

Schäfer, Ulrich: Zieh-die-Oh! In: Süddeutsche Zeitung vom 03.01.2017

Scheele, Martin: Berechnen und steuern. In: Süddeutsche Zeitung vom 04.11.2016

Scheffler, Sven; Tofern, Martin: »Öl überflüssig machen«. In: Junge Karriere, Oktober 2008, S. 18−20

Schloßbauer, Susanne: Tweeten wie ein Profi: Kleiner Guide zum „Social CEO". In: Experteer.de vom 15.02.2017

Schmid, Wilhelm: Mit sich selbst befreundet sein. Von der Lebenskunst im Umgang mit sich selbst. Frankfurt 2007

Schmidt, Christoper: Nichts als Arbeit. In: Hohe Luft 3/2012, S. 37−41

Schmiechen, Frank: Bei Daimler wird bald wie in einem Start-up gearbeitet. In: Gründerszene.de vom 08.09.2016

Schott, Ben: Stealth Wealth. Blog vom 08.12.2008. Online unter schotts.blogs.nytimes.com

Seel, Hans-Jürgen: Beratung: Reflexivität als Profession. Göttingen 2014

Serrao, Marc Felix: Der Makel. In: Frankfurter Allgemeine Zeitung vom 25.09.2016

Slavik, Angelika: Im Fegefeuer der Eitelkeiten. In: Süddeutsche Zeitung vom 24.08.2013

Sloterdijk, Peter: Stress und Freiheit. Berlin 2011

Springsteen, Bruce; Schwaner, Teja: Born tu Run. Die Autobiografie. München 2016

T

Telgheder, Maike: Manager bestimmen das Firmenimage mit. In: Handelsblatt vom 23.03.2004

Tobler, Elsbeth: Gegen üble Nachrede sind auch Führungskräfte nicht gefeit. In: Neue Zürcher Zeitung vom 28.08.2012

V

Vanham, Peter: Studien zeigen: Geschäftsführer wird man am ehesten, wenn man es gar nicht versucht. In: businessinsider.de vom 14.12.2016

Vester, Frederic: Das kybernetische Zeitalter. Frankfurt am Main 1982 (OA 1974)

W

Wadhawan, Julia: »Ich darf das, weil ich Chefredakteur von Bild bin« – Kai Diekmann über Selbstinszenierung von Führungspersonen. In: Meedia.de vom 08.04.2015

Waldeck, Caroline; DAX-Vorstände lassen rednerische Chancen ungenutzt: Mehr Mut zum rhetorischen Risiko. Online unter Rhetorikmagazin.de

Wedemeyer, Juliane von: »Das meiste, was ich versuche, misslingt.« In: Süddeutsche Zeitung vom 19.06.2016

Wedemeyer, Juliane von: Scheitern im Beruf: Der Sturz ins Bodenlose. In: Süddeutsche Zeitung vom 18.06.2016

Weidenfeld, Ursula; Hiesserich, Jan: Der CEO im Fokus. Lernen von den Besten für den richtigen Umgang mit der Öffentlichkeit. Frankfurt am Main 2015

Weißenborn, Christine: Wenn Mitarbeiter gleichzeitig Chefs sind. In: Wirtschaftswoche vom 09.10.2016

Werle, Klaus: »Ich habe keinen Plan B«. In: Manager Magazin vom 3/2015

Werle, Klaus: Egomanen statt Gurus. In: Manager Magazin 2/2017, S. 85 – 88

Werle, Klaus: So werden Sie zum CEO. In: Spiegel Online vom 25.08.2009

Whyte, William: The Organization Man. Philadelphia 2002 (OA 1956)

wm: Wem die Deutschen am meisten vertrauen. In: Stern vom 17.02.2016

Z

Zukunftsinstitut/Signium International: Generation Y. Das Selbstverständnis der Manager von morgen. Frankfurt am Main/Düsseldorf 2013

Zukunftsinstitut: Nothenticity: Die Authentizität der Zukunft. Online unter www.zukunftsinstitut.de

Zukunftsinstitut: Sport ist die neue Arbeit. Trend Update 4/2014. Online unter www.zukunftsinstitut.de